鲜食杏优质丰产技术

楚燕杰 编著

金盾出版社

内 容 提 要

本书讲述鲜食杏的经济价值，鲜食杏树的树体结构、生物学特性、环境条件、主要优良品种、杏园建立、苗木培育、优质丰产栽培、地下管理、整形修剪、病虫害防治、采收贮运及低产园改造等知识和技术。全书内容系统，实用性强，语言通俗，文图并茂，所介绍的技术和方法便于学习和操作。本书可供果农、果树技术人员、果树种植爱好者及农林院校有关专业师生阅读参考。

图书在版编目(CIP)数据

鲜食杏优质丰产技术/楚燕杰编著. —北京：金盾出版社，2002.3

ISBN 7-5082-1798-5

Ⅰ. 鲜… Ⅱ. 楚… Ⅲ. 杏-果树园艺 Ⅳ. S662.2

中国版本图书馆 CIP 数据核字(2002)第 005852 号

金盾出版社出版、总发行

北京太平路 5 号(地铁万寿路站往南)

邮政编码：100036 电话：68214039 83219215

传真：68276683 网址：www.jdcbs.cn

彩色印刷：北京印刷一厂

黑白印刷：北京金盾印刷厂

装订：精益佳纸制品有限公司

各地新华书店经销

开本：787×1092 1/32 印张：7.125 彩页：4 字数：164 千字

2006 年 12 月第 1 版第 3 次印刷

印数：22001—23000 册 定价：7.50 元

红丰杏

金太阳杏

新世纪杏

杏褐腐病症状

试管黄杏

秦 王 杏

试管红杏

目　录

一、概　述

鲜食杏,指新鲜成熟果实可供人们直接食用的杏的总称,其杏果可食部分占80%以上。因其果实肉厚汁多,营养丰富,风味甘美,酸甜适口,色彩鲜艳,因而深受人们的欢迎。

杏树原产于我国,是我国最古老的栽培果树之一,栽培历史已有4 000年之久。在公元前的《夏小正》中,就有关于杏树栽培的记载,如"正月,梅杏拖桃则华"。在公元前700年的《管子》一书中,也有"五沃之土,其木宜杏",说明我国劳动人民对杏的驯化、栽培历史已相当悠久。在东汉《嵩高山记》中说:"东北有牛山,其山多杏。至五月烂然黄茂,自中原丧乱,百姓饥饿,皆资此为命,人人充饱。"当时饥民以杏充饱,可见杏与人民的生活密切相关。三国时期吴国董奉隐居庐山,为别人治病,不收钱,但是要原来生过重病而后来被他治愈者栽五棵杏树,生过轻病而被他治愈者栽一棵杏树,时间一长,蔚然形成杏林。后人因以"杏林"代指良医,并以"杏林春满"、"誉满杏林"等称赞他医术高明。人们对杏的喜爱,由此可见一斑。在唐诗中,有"牧童遥指杏花村"的佳句。"杏山"、"杏林"、"杏枝"、"杏花"、"杏园"等在史籍、古诗中屡见不鲜。就连陕西黄陵也辟有"杏园",来缅怀中华民族的老祖宗之一。

(一)鲜食杏的特点

杏树全身是"宝",用途极为广泛,经济价值很高。种植杏树,已成为果农,特别是丘陵山区农民脱贫致富的一个重要经

济来源。杏树从野生到家生,经历了若干年的历程,从各地种植、生产和管理杏树的经验来看,杏树具有以下特点:

1. 结果早,经济效益高

杏树定植 2～3 年即可结果,尤其是采用成品苗栽植,在水肥条件适宜情况下,第二年即可结果,株产可达 2.5 千克,第三年株产可达 5～10 千克,而且杏树的寿命比其他果树寿命长,存活可达 200 年以上,盛果期可维持近百年。初入盛果期的幼树,株产一般 30～50 千克,丰产树可达 100～200 千克,高大树体产果量可达 500 千克以上。

2. 适应性强,栽培广泛

杏树为深根性树体,较其他果树耐干旱,耐瘠薄,不论平原、山区、丘陵、河滩或沙荒盐碱地,均能正常结果和生长,管理比较容易,投资少,效益高。

3. 营养丰富,并有较高药用价值

杏树为我国北方的主要栽培果树之一,以果实成熟早、色泽鲜艳、果肉多汁、风味甜美和酸甜适口为特色,在春夏之交的果品市场中占有重要地位,颇受人们的喜爱。杏果营养丰富,含有多种有机成分和人体必需的维生素与无机盐类,是一种营养价值较高的水果。在每百克鲜杏果中,含糖 11 克、蛋白质 1.2 克、钙 26 毫克、磷 0.8 毫克、胡萝卜素 1.79 毫克、维生素 B_1 0.02 毫克、核黄素 0.03 毫克、尼克酸 0.6 毫克、维生素 C 7 毫克。在《汉书》和《齐民要术》中,也有"煮木(杏)为酪"、"煮杏酪粥"的记载。

杏果有良好的医疗效用,在中草药中居于重要地位,主治风寒肺病,具有生津止渴、润肺化痰、清热解毒的作用。

4. 用途广泛,可做多种加工品

杏肉除了供人们鲜食之外,还可加工成杏脯、糖水杏罐头、杏干、杏酱、杏酒、杏青梅、杏话梅和杏果丹皮等。杏的多种加工品,在国内外有广阔的市场,如杏脯、糖水杏、杏干和杏酱早已驰名国内外,在东南亚、欧美市场上备受欢迎,极为畅销。

杏树的木材色红,质硬,纹理细致,可加工成家具和多种工艺品。杏叶是家畜的很好饲料,干叶中含蛋白质 12.14%,粗脂肪 8.67%,粗纤维素 11.44%。杏树皮可提取单宁和杏胶,木材和杏核壳可烧制优质活性炭。

5. 抗逆性强,适应不良环境条件

我国杏树主要分布在华北和西北地区,这些地区属于温带、寒温带,其生态环境主要是山区、丘陵地,气候干燥,温凉,海拔较高,日照充足,昼夜温差大,土坡干旱而瘠薄。长期以来,这些条件形成了杏树对不良环境条件的适应性。

由于杏树具有适应不良环境条件的特点,因此在山区种植杏树,不仅使我国北方大面积山地和丘陵区得到充分而有效的利用,而且成为发展山区农业经济及农民脱贫致富的主要途径之一。随着农业的规模经营和农业经济结构的调整,开辟一定规模的集约化杏园,使之优质、高产、稳产,可以获得较好的经济效益。

(二)发展鲜食杏的方针

鲜食杏是人们喜爱的水果。发展鲜食杏生产,应当采取

"积极开拓,稳步发展"的方针。

1. 积极开拓

鲜食杏在我国有悠久的栽培历史,并且栽培面积广泛,经济效益十分显著。但是,在不同的时期,人们对鲜食杏栽培品种的要求不同。随着人民生活水平的日益提高和新品种的不断选育成功,应逐步用个大、色艳、丰产、优质的新品种替代老品种,使品种的更新步伐跟上人民生活需要的增长。因此,在鲜食杏发展上,必须积极开拓,广泛引进,栽培产量高品质好的鲜食杏新品种。

2. 稳步发展

任何一个鲜食杏新品种,对环境条件、气候特征和土壤质地都有一定的要求。一个品种在甲地是优良品种,而在乙地则可能是一般品种。所谓的"优良品种",是指在一定的气候土壤等环境条件下,表现出的优良品质,如果个、色泽、质地、内含物等方面的优良特性。内外品质均充分表现出来的优良性状,才能称之为优良品种。所谓新品种,是指新选择和培育出来的品种。新品种不一定是优良品种。因此,在引种时要加以比较,慎重地选择,稳步发展。

我国幅员辽阔,地形地貌复杂,气候特点各异。因此,在引种、建园时,应进行科学区划,合理规划,做到理论上适宜,客观上适应,避免从一建园开始就是低产园或低质园。在大面积发展中,应坚持引种、试验、示范、推广的程序,对条件适宜的区域进行大面积生产。同时对种植户进行技术培训和实地技术指导,使鲜食杏生产实现优质高效的目的。

(三)鲜食杏的发展途径

鲜食杏是喜光、喜水、喜肥的果树。在条件适宜时,它生长快,结果早,产量高,收益大。根据国内外发展鲜食杏的经验,其发展途径主要有:

1. 露地栽培

充分利用房前屋后、渠旁、道边、沙丘、丘陵山地、河滩、河床故道等土地,大力发展鲜食杏。尤其是黄河故道、具有黄土高坡的大西北,有充分的土地潜力,在靠近城市市场,销售方便的地区,可大力发展鲜食杏栽培。

2. 大棚栽培

在生长期短的地区,可利用大棚栽培鲜食杏,实行反季节生产和销售,以提高栽培经济效益。采用大棚栽培,实行集约化栽培,面积虽少,但效益很高。

3. 庭院栽培

利用庭院发展鲜食杏,能充分开发土地潜力,做到树上结果,树下栽培花卉或进行养殖,发展立体经济。鲜食杏春天花开满枝,夏季果压枝头,既美化环境,调节气候,改善生态环境,又有经济效益。据资料介绍,一分庭院地所种植的杏树,每年可产杏 150 余千克,收入达 600~900 元。庭院栽培管理方便,小气候好,肥水足,防治病虫害及时,属集约化栽培范畴,故杏的产量高,品质好,经济效益十分显著。

二、鲜食杏的树体结构

鲜食杏为栽培杏树中的一个分支,属落叶性乔木或灌木,蔷薇科,杏属。为东北、西北和华北地区栽培的主要果树之一。栽培品种在水肥条件较好的地区,树体高大,生长茂密,在丘陵山地干旱条件下实生的杏树,树冠矮小或呈灌木状。

(一)根　系

杏树的根系具有固定树体,吸收水分和养料的作用,同时还具有贮存转化的功能。

1. 根系的组成

杏树的根系由主根、侧根和须根组成(图1)。

(1)主根　是由杏核实生播种后生长出来的,在土壤中呈垂直生长状态,故又称垂直根。

(2)侧根　是着生在主根上的大根,有时称之为水平根。它随树龄的增加而生长。有时主、侧根区别不明显。

(3)须根　着生在主、侧根上的小根。

杏树的主、侧根的主要作用,是固定树体、贮藏养分,而须根的主要作用是从土壤中吸收水分和养分。

2. 根系的特性

杏树属于深根性树种。成年大杏树根系庞大。其垂直根和水平根在土壤中的分布,因栽培的土壤条件和管理措施不

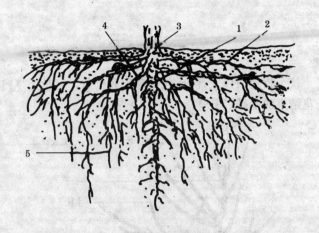

图 1 杏树根系组成

1. 主根 2. 水平根 3. 根颈 4. 侧根 5. 毛细根

同而有所差异。在黄土丘陵地带,土层深厚,土壤疏松,地下水位低,垂直根和水平根伸展均匀,根系庞大,一般垂直根可达5～6米,在干旱丘陵地区,可达10米以上;而在河滩和石砾地,河卵石较多,地下水位又高,则入土较浅,水平根较多。而在山坡梯田上的杏树,根系顺坡延伸,梯田内侧根系伸向土层内部,外侧根系沿边缘伸展,故经常看到梯田石缝中粗根绕石,伸到下层梯田。

　　杏树根系主要集中于0.5～1米以内的土层中,以0.5米以内土层居多。约占整个根系的80%,具有吸收土壤中水分和无机盐的作用。杏树的水平根是根系的骨架,伸展能力强,伸展范围较宽,根幅可达树冠的3～5倍,但以冠幅范围内根量最多,约占水平根的70%～80%。这为施肥、浇水提供了依据。施肥、浇水,应控制在冠径范围内,深度以0.5米范围内效果最佳。

（二）枝　干

枝干指地表以上部分，包括树干和枝条。它是支撑树冠，开花结果的基础（图2）。

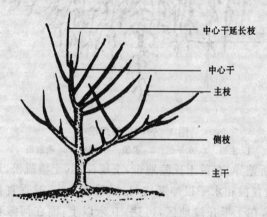

图2　枝干的组成

1. 枝干的组成

（1）**主干**　从地面往上到分枝处。

（2）**主枝**　由主干上分生的大型永久性分枝。

（3）**侧枝**　由主枝上分生的大型永久性枝。

2. 枝干的特征

杏树的枝干，在自然条件下，生长较高大。但经过园艺栽培，枝干较低矮。枝干外皮粗糙，有不规则纵裂，横向具浅细裂纹。多年生枝干为灰褐色或棕褐色，一年生枝条为红褐色，有光泽，无毛。

3. 枝条的分类

(1)按着生部位和生长顺序分

①主枝 由主干向上生长的主要枝条。

②侧枝 由主枝向旁侧生长的枝条。

③延长枝 由主、侧枝继续延伸生长的枝条。

(2)按枝条的年龄分

①一年生枝 只有一个年龄阶段的枝条。依此类推,有二年生枝、三年生枝和多年生枝。

②新梢 当年生长的枝,又称为新枝。它只长叶片,不能结果。

③嫩梢 没有木质化的枝,又称为嫩枝。

④春梢、夏梢和秋梢 在一年中,春天萌发生长的枝条叫春梢,夏天由当年形成的芽萌发形成的梢叫夏梢,秋天由当年形成的芽抽生形成的新梢叫秋梢。

(3)按功能分

①生长枝 由一年生枝上的叶芽或多年生枝上的潜伏芽萌发而成。生长旺盛,各节间着生叶片,并有少量花芽形成。其主要作用是形成树体骨架。

生长枝中生长旺盛的枝条,称为徒长枝。这类枝条直立生长,节间长,叶片大,组织不充实,一般不易形成花芽。

②结果枝 可以开花、结果的枝条。分为长果枝、中果枝、短果枝和花束状果枝(图 3)。

长果枝的枝长在 30 厘米以上。它的花芽质量差,所形成的花朵开放后座果率低。中果枝的枝长在 15～30 厘米,生长充实,花芽质量好,多复花芽,是主要结果枝,连续结果能力强。

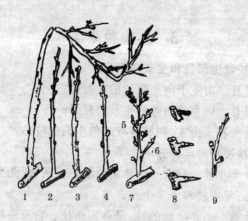

图3　杏树的结果枝

1. 徒长枝　2. 发育枝　3. 长果枝　4. 中果枝　5. 短果枝

6. 细枝　7. 结果枝组　8. 叶丛枝　9. 花束状结果枝

短果枝的枝长在5～15厘米,花束状果枝的枝长在5厘米以下。二者多单花芽,结果和发枝能力差,寿命短。

幼树和初结果期树,中、长果枝较多;而老树和衰弱树,以短果枝和花束状果枝为主。

鲜食杏结果枝的分类标准及生长与结果特点,如表1所示。

表1　鲜食杏结果枝分类标准及生长结果特点

枝类	枝条长度(厘米)	着生部位	花芽着生位置	花芽质量和座果情况	生长结果特点
长果枝	>30	初果期树	着生在枝条中上部	花芽不充实,座果率低	不宜做结果用,生长旺盛,可用其扩大树冠,或短截后改造成大枝组
中果枝	15～30	初果期树的主要结果部位	在枝条中部	花芽充实,座果率高	生长中庸,是初结果期树的主要结果部位

枝类	枝条长度(厘米)	着生部位	花芽着生位置	花芽质量和座果情况	生长结果特点
短果枝	5～15	盛果期树	布满整个枝条	花芽充实,座果率高	生长较细弱,和中果枝构成盛果期产量
花束状果枝	<5	各时期的树体,以盛果期和衰老期树体最多	只有顶芽为叶芽,其余均为花芽	花芽充实,座果率较高	生长较弱,甚至结果后枯死,主要构成盛果期和衰老期产量
衰老花束状果枝	2～3	衰老树	无叶芽,全部为花芽	花芽较充实,座果率中等	结果后枯死

（三）芽

1. 芽的性质

芽是形成花与枝的基础。杏树的芽按性质分为叶芽和花芽两种(图 4)。

叶芽呈三角形,基部较宽,芽鳞紫褐色,较小。花芽呈圆锥形,较肥大。芽鳞紫红褐色,无毛,开花时脱落。为纯花芽。主要着生在

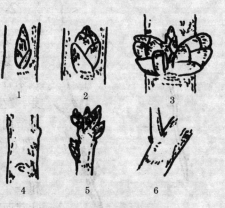

图 4　杏树的花芽与叶芽

1. 叶芽　2. 单花芽　3. 复芽
4. 盲芽　5. 顶芽　6. 潜伏芽

节间基部,可单生或与叶芽双生或三生。

叶芽只能抽生新的发育枝或萌发成新的中果枝和短果枝,以增高树体或扩展树体。叶芽着生在枝条的顶端或叶腋间。在枝条下部的芽子若到萌发时节而未萌发,继续保持休眠状态,但仍保持生命力的芽称为潜伏芽或盲芽,但只有遇重回缩或重修剪等刺激时,才可萌发。

杏树的叶芽具有萌芽力强、成枝力强的特性。其萌芽率和成枝率的计算公式如下:

$$萌芽率 = \frac{萌发的芽数}{总芽枝} \times 100\%$$

$$成枝率 = \frac{形成长枝的数量}{萌发的芽数} \times 100\%$$

一般一年生枝经过缓放后,除枝的基部几个芽不萌发外,其余的芽全部萌发,但形成长枝的能力弱(图5)。

2. 芽的着生方式

芽的着生方式有单生芽和复生芽。单生芽(简称单芽),是枝条各节间所单独着生的一个芽。复生芽(简称复芽),是枝条各节间所着生的两个或三个芽(图6)。

在复芽中,有时一个花芽和一个叶芽并生,也有中间为叶芽而两侧为花芽的三芽并生者。一般长果枝的上端和短果枝各节间的花芽为单芽。其他

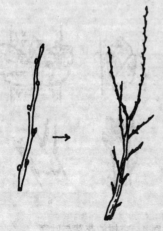

图5 杏树缓放后成枝力很弱

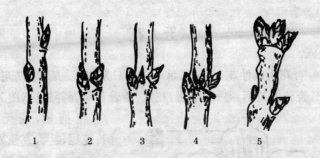

图 6 芽的着生方式

1.单花芽 2.一叶一花 3.一叶二花 4.二叶二花 5.顶花芽

枝的各节为复芽。单芽与复芽的着生状况,与品种、树体营养状况和枝条光照条件等因素有关。

(四)叶

叶片是进行光合作用的器官,同时还有呼吸、蒸腾和吸收功能。杏树的叶由叶片和叶柄组成,为单叶,互生。初生幼叶黄绿色,生长成熟后为深绿色,呈圆形或阔卵形,其长×宽约为 6~9 厘米×5~8 厘米。叶片上下两面均光滑无毛,叶面平展或略抱合。叶尖为突尖或短渐尖。叶基近心形或圆形,叶缘单锯齿或重锯齿,整齐;叶主脉绿色,但有的品种主脉基部为紫红色。叶柄长 2~5 厘米,阳面紫红色,背面黄绿色,有蜜腺 1~3 个,偶有 4~6 个,圆形,褐色。

杏树叶片的形态和色泽,是鉴别杏树生长状况的重要标志。叶片大而肥厚,色泽浓绿,说明土地状况和栽培状况良好,生长旺盛;而在干旱、瘠薄条件下,叶片小而薄,叶片发黄,色淡。

（五）花

杏花为两性花，单生。每个花芽只发育成一朵花，先叶开放。杏花由花柄、萼片、子房、花冠、雄蕊和雌蕊等组成(图 7)。

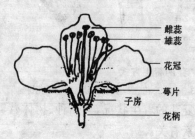

图 7　杏花纵剖图

花柄短，或无花柄。花冠较大，直径为 3 厘米左右，萼筒圆筒状，具有短柔毛，紫红绿色。有萼片 5 枚，花瓣 5 枚。花瓣呈白色或微带粉红色。有雄蕊 30～40 枚，短于花瓣。雄蕊长短不齐，间隔排列。有雌蕊(柱头)1 枚，子房上位，虫媒花，被绒毛。1 个心室有 2 粒胚珠。

由于杏树品种特性、树体营养等因素影响，杏树花的雄、雌蕊形成四种类型。一是雌蕊长于雄蕊，二是雌蕊和雄蕊等长，三是雌蕊短于雄蕊，四是雌蕊退化。第一、二种类型的花可以正常授粉、受精和结实，故称之为完全花；第三种类型有的可以授粉，但结实能力差，有的在盛花期开始萎缩，而失去受精能力；第四种不能授粉和受精，故称之为不完全花(图 8)。

杏树常出现"满树花，半树果"，甚至无果的现象。其原因是第三、四种类型花所占比例过大。

上述四种花，每种花的多少及所占比例的大小，与品种、树龄、树势、枝型、营养状况和树体管理水平，有密切关系。不同的杏树品种，其完全花所占比例不同。在同一品种中，老树、弱树、管理粗放或任意生长的树，不完全花比例大；相反，经过

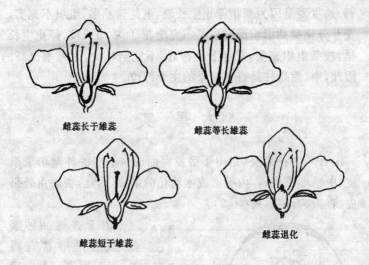

雌蕊长于雄蕊　　　　　雌蕊等长雄蕊

雌蕊短于雄蕊　　　　　雌蕊退化

图8　杏树的4种花

修剪、加强肥水管理、树势强的树,其不完全花比例就小。在同一株树上,不同类型枝条的不完全花比例也有差别(表2)。

表2　不同品种之间不完全花的百分率　(%)

品　种	1982年	1983年	1984年	平　均
大接杏	66.5	73.2	68.4	69.37
猪皮杏	61.9	50.2	65.0	59.03
山黄杏	—	43.6	57.7	50.65
密陀罗	65.2	16.1	22.8	34.70
杨继元杏	29.2	49.8	26.5	35.17

据普崇连(1986)资料整理

一般来说,不完全花新梢多于长果枝,长果枝多于中果枝,中果枝多于短果枝,短果枝多于花束状果枝。

不完全花在一新梢上分布为:枝条上部多于枝条中、下部。这主要是因为新梢停止生长晚，消耗营养多，组织不充实，花芽分化受到影响而形成了不完全花。而中短果枝，停止生长早，枝条组织充实，花芽分化得好，不完全花少，座果率也高。因此，中、短果枝是杏树结果的主要部位。

（六）果 实

杏果为核果类，是由子房发育而成。子房的外壁形成果皮，中壁形成果肉，内壁形成木质化的果核。因此，杏果由外果皮、杏肉、杏核组成（图9）。

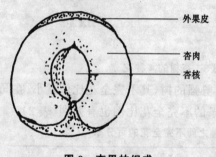

外果皮

杏肉

杏核

由于杏树品种繁多，故杏果形状有圆形、卵圆形等。果皮颜色为绿白色或黄色、橙黄色。有的品种，其果实阳面具红晕或鲜红晕。果皮尖圆或微凹，缝合线明显。梗洼中

图9 杏果的组成

深，果柄短。果肉颜色与果皮底色相一致，柔软多汁，味酸甜，有芳香。果肉包着杏核，杏核有粘核和离核两种。

（七）种 子

杏的种子又称杏核。核壳木质化，坚硬，圆形或椭圆形、倒卵圆形，两侧扁平表面光滑或具网纹。背缝线较直，腹缝线较圆，中间具龙骨状棱。核内含一粒种仁，偶含两粒。成熟种子扁圆形，顶尖，底平或圆，皮棕黄色，味苦或甜。

三、鲜食杏树的生物学特性

杏树为多年生落叶果树,其生长发育在一年及一生中,都有明显的阶段性和连续性,形成了独特的生长发育过程。这个过程称之为生长发育特性。杏树为适应各地气候条件,在全年生长过程中,随着气候和季节的变化而变化,形成了不同阶段的发育,这一现象称之为物候期。根据这种不同阶段的发育,给予科学化管理,即能获得优质高产和早产。因此了解杏树的生命周期和物候期,对正确运用科学技术,有着十分重要的意义。

(一)杏树的生命周期

杏树一生中个体生长发育的变化过程,是由受精卵开始,发育成胚胎,形成杏核种子,再由种子萌发形成幼苗,长大成树,开花结果,至衰老死亡,这一全过程,称之为生命周期。杏树的生命周期可划分为幼树生长期、初结果期、盛果期和衰老期四个阶段。

1. 幼树生长期

从苗木定植以后开始,到第一次开花结果或开始有收益时止,称之为幼树生长期或营养生长期,这一时期2~5年。

(1)此期的特点 时间的长短不仅与树体品种和栽培措施有关,还与苗木的繁殖方法有关。如果用种子播种,实生繁殖,这一时期需3~5年,而采用嫁接繁殖,即定植嫁接苗,则第二年可结果。

(2)相应的管理措施 加强肥、水的供应。注意土、肥、水的调节,促进幼树旺盛而健壮地生长。再辅以科学的整形修剪、培养合理的树体结构,为开花、结果做好物质上和形态上的准备。

2. 初结果期

从开始结果到大量结果之前,称之为初结果期,一般持续2～4年。它持续时间的长短和出现的早晚,因品种和栽培管理条件不同而异。

(1)此期的特点 树体生长仍然旺盛,树冠迅速扩大,分枝量增加,但树体结构已初步形成。营养生长仍占优势,并逐渐过渡到生殖生长。

(2)相应的管理措施 在保证树体健壮生长的基础上,尽快地提高产量,获得早期丰产。在栽培技术上,要加强肥、水管理,注意培养和安排好结果枝组,使各枝条合理搭配,进一步培养良好的树形。

3. 盛果期

从开始大量结果(形成经济产量)到树体衰老以前(产量持续下降)阶段,称之为盛果期。这一时期的长短与环境条件和栽培技术有关,一般为20～30年,有的可达100～200年。此期是获得最大经济效益的时期。

(1)此期的特点 根系和树冠已扩大到最大限度,新梢生长很弱,结果达到高峰,结果部位很快由树冠中、下部移到上部和由内部移到外部。结果枝基部光秃,内部衰弱甚至枯死。同时,树体的营养物质大量供给果实生长,消耗大,易造成树体营养物质的供应、运转、分配、消耗和积累之间的不平衡,出现"大小年"结果现象。

(2)相应的管理措施 加强光照、土壤及肥、水的管理,有效防治病虫害,保护好树体,并通过合理修剪来调节生长与结果、积累与消耗之间的关系,达到均衡树势,延长经济寿命,力争稳产、高产。

4. 衰老期

从产量明显持续下降,树体开始衰老,到全株死亡以前,称之为衰老期。这一时期约在40年以后出现。

(1)此期的特点 大部分骨干枝光秃,新梢生长量少而短,生长细弱,结果枝组的枯死数量增多,叶量少,根系的更新能力衰退,抗逆性降低,产量少并且品质差。

(2)相应的管理措施 在衰老前期,应加强土、肥、水管理,增施有机肥。由于树势变弱,易诱发各种病虫害,应及时防治,努力维持一定产量。凡是能恢复树势的,可更新复壮,经过2~3年就可恢复树势,并能结果。

(二)杏树的年生长发育

在一年中,杏树随着季节的变化,有规律地出现萌芽、开花、展叶、发枝、结果、落叶和休眠等生命活动的现象。这种年年重复出现的生命活动现象,就是树体的年生长发育。杏树年生长发育出现的时期,称之为物候期。物候期的出现受温度的制约。在不同地区,杏树物候期出现的时期不同,同一地区的不同年份,杏树物候期也不尽相同。

1. 根系的生长发育

根系在年生长周期中，没有绝对的休眠，只有短暂的相对休眠。只要土壤温度、湿度和通气条件得到满足，就可以全年生长。因此，根系的生长发育主要是受外界条件的影响。

一般情况下，一年中杏树根系的生长发育早于地上部的生长发育。杏树是落叶果树中根系活动最早的树种。据北京市农林科学院在延庆县观察，3月下旬，土壤温度在5℃时，细根开始活动，但生长缓慢，生长量很小。6月下旬至7月中旬，土温高于20℃时，生长加快，生长量大。7月中旬以后，土壤温度高于25℃时，生长缓慢，生长量又减少。9月份，土壤温度稳定在18℃～20℃时，又开始第二次生长，但没有第一次生长量大。11月份后，地温开始下降，低于10℃时，根的生长基本停止。

杏树根系的活动，主要受土壤的温度、湿度、通气状况、土壤肥力和树体强弱的影响。一年中，夏季高温和冬季低温，均会造成根系生长的低潮。土壤温度较高，通气良好，土壤肥沃等条件，均会加速根系生长。而在土壤温度低，通气性差，土壤贫瘠等条件下，根系生长缓慢，生长期也短。幼树、壮年树和强健树的根系生长量大，生长期也较长。

杏树根系的生长发育，与地上部的活动有密切的相关性。3月份在芽萌动以前，根系即开始生长活动，吸收土壤中的水分和养分，以供地上部生长发育之用。4月份花落后，枝叶生长旺盛，果实迅速膨大，此时根系生长缓慢。5月下旬后，枝叶生长缓慢，制造和积累的营养物质运输到枝干和根系，根系生长因而加快。6月中旬以后，枝叶大部分停止生长，果实接近成熟，根系进入生长高峰（图10）。

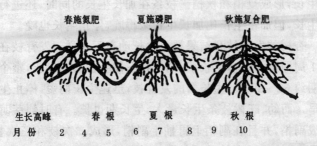

春施氮肥		夏施磷肥		秋施复合肥	

| 生长高峰 | | 春根 | | 夏根 | | 秋根 | |
| 月份 | 2 | 4 | 5 | 6 | 7 | 8 | 9 | 10 |

图 10　根系生长曲线

由此可见,当年枝叶的生长强弱和果实的多少,直接影响着根系的生长,而根量和根系贮藏营养物质的多少,以及根系吸收养分能力的强弱,又影响着地上部的生长与结果能力。

针对根系的生长发育特点,在生产管理中,应加强杏园的管理,适时适量地采用中耕、深翻、浇水和施肥等项农业技术,改善土壤条件,调节土、肥、水、气、热的关系,促进根系生长,为果实的丰产、稳产和树体的健壮,打下良好的物质基础。

2. 枝条的生长发育

杏树枝条的生长发育,是通过顶芽的延伸和枝条上腋芽的抽生实现的。

叶芽萌发后,芽鳞展开,黄绿色幼叶伸出,约经过1周的缓慢生长后,随气温的升高,生长速度加快。当日均温达到10℃以上时,枝条进入旺盛生长期,加长生长明显,叶片增多,叶面积增大。经过一段时间的生长后,由于温度、湿度、光照的影响及芽内部抑制物质的形成和积累,使枝条由旺盛生长过渡到缓慢生长,进一步形成新的顶芽。此阶段形成的新梢为春梢。由于杏树的芽有早熟性,当温、湿度条件适合时,可继续萌发生长,形成夏梢和秋梢。枝条在加长生长的同时,还进行加粗生长,但加粗生长比加长生长来得晚,停止生长也晚。

杏树的发育枝和结果枝年生长动态不一样。发育枝在花后1周即进入旺盛生长期,到7月下旬生长基本停止,整个生长期约60~80天。生长弱的发育枝,迅速生长期短,停止生长也早。而幼、旺树枝条生长量大,生长期也长。有时侧芽萌发形成副梢,并且在副梢上再抽生副梢,形成二次枝和三次枝。但是,副梢是随主梢的延长而迅速生长,其生长期短,一般为15~30天。

结果枝萌发后生长迅速,而且整齐一致,但停止生长早,一般持续20~30天。新的顶芽形成后,便不再萌发,年生长量只有5~30厘米。

枝条的生长发育,受品种、树龄、树势、树体、贮存养分状况、土壤中无机盐含量、土壤的温湿度及光照条件的影响。同时,重修剪和重短截等也都能刺激芽的萌发,促进形成长枝等。

3. 花芽及花的生长发育

(1)花芽分化　花芽的形成过程,称之为花芽分化。杏树的花芽分化属于当年花芽分化,翌年开花、结果的类型。杏树的花芽分化,可分为形态分化和生理分化两个阶段。

①花芽的形态分化　花芽在形态特征上的分化,称之为形态分化。形态分化时间自6月上旬至9月下旬。据甘肃省农业科学院1981~1982年对兰州大接杏观察,认为杏树花芽的形态分化,可分为以下六个过程:

未分化期:生长点狭小。生长点范围内原分化组织的细胞体积小,形状相似。生长点中央区细胞层数较少。

花芽分化初期：生长点先变肥大，然后突起呈半球体，此突起就是花蕾原基。持续时间为6月下旬到8月下旬，盛期在7月上中旬。

萼片分化期：伸长的生长点顶端先变宽平，然后其四周产生突起，此突起即为花萼原基。此期自7月中下旬至9月中下旬，分化盛期为8月中旬。

花瓣分化期：在伸长的萼片内侧基部产生一轮突起，即为花瓣原基。该期自8月上中旬至9月中旬。

雄蕊分化期：在花瓣原基内侧基部相继出现上、下两轮突起，即为雄蕊原基。此期自8月中旬至9月中旬。

雌蕊分化期：在第二轮雄蕊原基下方，花原基中心底部出现1个突起，向上生长，即为雌蕊原基。该期由8月下旬至9月中下旬，盛期在9月上旬以后。

②花芽的生理分化　花芽在形态分化的基础上，进一步分化出花粉母细胞及胚、胚珠等的过程，称为花芽的生理分化。生理分化是在形态分化结束后进行的，持续时间约为9月下旬至12月份期间，其过程为：

在花蕾各器官的原基继续增大的同时，雄蕊与雌蕊进一步分化和发育。花药明显地形成蝶形的四室形态，已有孢原组织——花粉母细胞，呈现出花粉囊。发育的晚期结构，雌蕊发育出现了花粉的萎缩、弯曲等畸形蜕变的多种形式，此为雌蕊退化现象。在雌蕊发育的同时，出现了珠心组织。雌蕊退化现象，为研究杏花座果率低，提供了形态学上的理论依据。

影响花芽分化的因素，主要是树体内营养物质积累的水平。树体营养状况好，花芽分化完全，完全花比例就大，结果率和座果率就高。而管理粗放、肥水条件差的杏园，杏花败育率高，而经过追施氮、磷、钾肥，科学修剪和春冬浇水的杏园，完全花率及座果率明显提高。因此,在田间管理上,有条件的地块,可适时适量地施肥浇水,没有条件的可采取深翻、埋草以及各种水土保持措施。合理修剪,控制开花量,均可节省或增加树体营养,有利于花芽分化和开花结果。

(2)**开花** 杏树的萌芽与开花,比其他核果类果树均早,仅次于山桃。在华北地区,杏树于3月下旬至4月中旬开花。开花时间的早晚,因品种、环境而异。但在同一地区的不同年份,杏树的开花期也不相同。

杏树花的开放可分为以下几个阶段:

①**芽萌动** 萼片抱合向上生长,俗称"露红期"。

②**花蕾膨大** 幼期花蕾顶端露出白色花瓣,萼片开始分离,俗称"吐白期"。

③**大蕾期** 花蕾继续膨大,花瓣抱合成气球状,俗称"气球期"。

④**初花期** 花瓣开始伸展,雄蕊的花丝开始伸长。

⑤**盛花期** 萼片平展,花瓣展开,花丝、花柱直立,花药开裂。并散粉,柱头粘着花粉进行授粉和受精。

⑥**谢花期** 柱头变褐,花丝、花柱和花瓣开始凋萎,萼片反折,子房开始膨大。此期完成了授粉和受精。

在气候正常的情况下,从花芽萌动到幼果形成,需要25～30天,单朵花期为2～3天,果枝花期6～8天,单株花期为8～10天。盛花期很短,一般为3～5天。

在同一株杏树上的开花顺序,从整体而言是先阳面中部,后树冠阴面中部和阳面下部,最后是树冠顶部和枝梢。就果枝而言,是先花束状果枝,后短果枝,最后是中长果枝。

开花期的早晚与长短,因品种而异。开花早的品种,花期延续时间长,开花晚的品种花期短。

花朵开放以后,成熟的花粉通过风媒或虫媒传到柱头上,完成自然授粉过程。雌蕊保持受精能力时间一般为 3～4 天。若花期遇到低湿或干旱大风,柱头在 1～2 天内即枯萎,因而缩短了授粉时间,降低了座果率。

4. 授粉及果实发育

(1)**授粉受精** 当花发育到大蕾期时,雌蕊柱头已经具有接受花粉的能力,但只有当花朵开放后才具有适宜授粉的能力。在杏花开放前,花粉已在花药内形成,但只有当花瓣伸展后,花药才裂开,散出黄色花粉。

授粉是花粉落在柱头上,并在雌蕊柱头上萌发花粉管的过程。发育良好的柱头,在花开后的 3～4 天内能保持新鲜状态,表面分泌粘液,花粉落在柱头上以后,即可萌发出花粉管,完成授粉过程。

当花期空气干燥时,柱头常因失水而很快变干,变褐,失去接受花粉的能力。在春天花开时,如遇干旱多风天气,常会造成授粉不良,杏果产量低。因此,如遇干旱多风天气,则应适当喷水,以保持柱头新鲜状态,延长柱头接受花粉的时间,保证授粉完成。

受精是在花粉管进入花柱以后开始的。花粉管进入子房后,前端破裂并释放出两个精核。其中一个与中心细胞的二倍体次生核相融合,形成三倍体的胚乳核,另一个精核与卵核相结合,形成合子,完成受精。在天气比较暖和的情况下,杏花由授粉至完成受精,约需 3～4 天。而恶劣天气,则影响受精过程的完成。

授粉、受精是座果结实的基础。影响座果的因素很多,除了树体营养和天气条件外,还与品种间的花粉亲和力有关。部分不同品种间授粉座果率情况如表 3 所示。

表 3　不同的品种间授粉座果率　（%）

母　本	父　本			
	大红杏	二红杏	媳妇杏	串枝红
大红杏	0.00	2.50	4.60	13.39
二红杏	0.00	3.65	2.76	27.44
媳妇杏	0.38	15.35	0.00	22.74
串枝红	0.00	0.00	0.00	0.48

据吕增仁（1987）资料整理

　　试验证明：利用混合花粉进行杏的人工授粉，比自然授粉杏的结果率明显提高。因而在杏园规划时，应配置适宜的授粉树，并对授粉树的品种进行合理的选择，配置一定的授粉组合。这样，才能获得较高的结果率。

　　（2）果实发育　受精结束，果实发育即开始。一般以盛花期为果实发育的始期，到果实成熟，这一时期为果实的生长发育期。

　　果实生长发育期的长短，与品种有关。按果实发育的天数，把杏的品种分为：极早熟品种（小于 60 天）、早熟品种（60～70 天）、中熟品种（70～80 天）、晚熟品种（80～90 天）和极晚熟品种（90 天以上）。

　　杏树果实发育具有明显的阶段性（图 11），可分为以下三个时期：

　　①第一次迅速生长期　从花后子房膨大开始，到果核木质化以前。在该期内，果实的重量和体积迅速增加，果核也长到相应的大小，约为果实采收时体积的 39%～60%。这是决定杏果产量的最关键时期。此期持续 28～35 天。由于果实迅速膨大需要消耗较多的营养物质，如肥水不足，则会使果实个

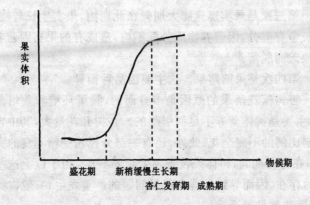

果实体积 （纵轴）
物候期 （横轴）

盛花期　新梢缓慢生长期
杏仁发育期　成熟期

图 11　杏果实发育曲线

小，且生理落果严重。

②**硬核期**　经第一次迅速生长期后，果实的增长变得缓慢或不明显，果核发育快，胚乳消失，核壳木质化。硬核期一般为 8～12 天。

③**第二次迅速生长期**　从杏核硬化及胚的发育基本完成，到果实采收为止。此期内果肉明显增厚，果实纵径增长速度大于横径，在采收前 10～20 天体积增长最快。此时期的起止日期及延续时间，因品种而异，早熟品种 18 天左右，中熟品种 28 天左右，晚熟品种 40 天以上。

（3）落花落果　杏树的落花落果非常严重，常存在"满树花，半树果"和"只见花，不见果"的现象。

杏树的落花落果有四次明显的高峰。

第一次在花开后，未见子房膨大，花就落了。这次所落的花是花器发育不完全的花，但也有未授粉的完全花。

第二次在花后 2 周，子房已经开始膨大，幼果约有黄豆粒大小。此次是授粉不良的果实脱落。

第三次是果实迅速膨大期。在此期内,果实生长与枝、叶生长争夺养分,因营养物质分配不均,造成有的果实因营养暂时缺乏而脱落。

第四次是采前落果。这主要因品种而异。

杏树落花落果的原因是多方面的,除了环境和栽培条件外,主要是树体营养不足而引起的。杏树开花量大,其中含有一定比例的不完全花。此外,还有一部分授粉受精不良的完全花。在开花期间,树体或枝条发生营养不良。由于以上这些现象的存在,因而导致了落花落果问题的严重发生,一般树势越弱,落花落果越严重。

四、鲜食杏树生长发育的环境条件

杏树的生长发育状况与环境条件有密切关系。杏树在长期的生长发育过程中,形成了对环境条件的适应性,尤其是耐寒、耐旱、耐瘠薄的特性。因此,掌握和了解环境条件对杏树生长、结果的影响,对科学地栽培管理杏树有非常重要的意义。

(一)温 度

温度是限制杏树生长发育的重要生态因素。杏树是喜温、耐寒的树种,所以广泛栽培于黄河流域以及东北、华北和西北地区。杏树适宜的年平均温度为 6℃~14℃。但它在冬季休眠期可抗 -30℃ 的低温,在生长季可耐 36℃ 的高温。如在新疆哈密,夏季平均最高气温为 36.3℃,绝对高温为 43.9℃,杏树仍能正常生长。杏树在不同物候期内所要求的温度不同。

1. 花芽分化期的温度要求

据兰州市果树研究所观察,兰州大接杏从花芽开始形态分化到雄蕊出现,主要是高温季节(6 月下旬至 8 月下旬)进行,平均温度为 21.9℃~22.3℃。其雌蕊出现在 9 月份,这时的平均气温为 15.7℃~17.4℃。在越冬期间,花芽仍在活动,对气温变化较敏感,温度过低,会导致花芽受冻。

2. 开花期的温度要求

杏树从花芽萌动到开花,要求一定的积温。据北京市农林科学院林果研究所观察,杏树开花常在4月中下旬,开花的早晚取决于3月份气温回升的快慢。开花期要求的气温为8℃以上,最适温度为11℃~13℃。气温低,会延长开花所需的天数。阴雨天气,会影响授粉受精,导致落花落果。

3. 花器和幼果的温度要求

杏树的花器和幼果,对低温非常敏感。花期遇到低温,易造成冻花冻果。这是北方杏树产量低而不稳的原因之一。从花芽萌动到发育成幼果的阶段内,不同时期对低温的忍受能力不一样。杏树花果受冻的临界温度,初花期为-3.9℃,盛花期为-2.2℃,坐果期为-0.6℃。低于此温度,则会遭受冻害。

花期抗冻情况,取决于品种特性和对环境的适应能力,不同品种的花期抗冻能力是不同的。北京市农林科学院林果研究所1982年在延庆县观察,在4月14~16日的花期内,连续3天大风降温,15日0~8时,气温持续在0℃以下,其中-5℃温度持续2小时,各品种的花朵受冻率分别为:山杏44.9%,北山大扁7.3%,香白杏1.5%,兰州大接杏4.3%。

4. 果实成熟期的温度要求

温度对果实的成熟期、色泽、品质和风味,均有直接影响。温度较高时,成熟期早,成熟度较一致,果实含糖量高,风味浓,色泽鲜艳。反之,气温较低,会推迟成熟期,果实含酸量高,其风味和品质都会降低。

(二)水　分

杏树是耐干旱的树种,能在其他树种不宜栽培的条件下,如干旱土石质山坡、沙荒地上生长。在土壤温度适中和干燥的空气条件下，杏树的根系强大，能伸入到深层土壤中。

杏树对水分十分敏感。它在正常年份 400～600 毫米的降水量下，可正常地生长、开花和结果。在旺盛生长期和果实膨大期，如果土壤严重缺水，则会削弱树势，降低果实的产量和品质。如果在开花期严重缺水，就会缩短花期，降低花粉的成活力，导致授粉受精不良，造成大量落花和落果。在新梢旺长期，由于气温高，枝叶生长旺盛，需要大量水分。若土壤中水分含量不高，就会造成枝条过早停止生长，使树冠的扩大受到影响，并减少营养物质的积累和转化。如果在果实发育期缺水，则会导致果实个小，成熟期提前，有时还引起落果。

土壤水分过多或空气湿度过高，也会导致一系列不良反应。比如花期阴雨天气过多，不利于授粉受精，会降低座果率。果实着色期降水过多，会使果实着色差，并产生裂果和落果现象，减少产量。树体积水过多，会引起早期落叶、烂根和死亡。

（三）光 照

杏树是喜光树种，需要较好的光照条件。光照对杏树的生长与结果作用较明显。

在树冠顶部和外围的枝叶受光充足，则延长枝和侧枝生长旺盛，叶大而浓绿，枝条充实。而大树内膛由于树冠郁闭，光照不足，枝条生长纤细而弱，发育枝细长，很少发二次枝，短果枝和短果枝组寿命短。

树冠的不同部位，由于光照强度不同，结果能力也有很大差别。其树冠外围的结果量比内膛多，阳面比阴面多，顶部比下部多。

光照对果实的品质也有决定性的作用。在通风透光的部位,果实着色好,糖分和维生素含量也高,品质好。

(四)土 壤

杏树对土壤、地势的适应能力强,可以在干旱土石质山坡、沙荒地区正常生长。在我国,除了少部分杏树是种植在平地和冲积山地上外,大多数杏树是分布在丘陵山地或山坡梯田上。杏树在海拔 800~1 000 米的高山上也能正常生长,即使是在土壤结构、有机质含量与肥力等都比较差的干旱、瘠薄地区栽培,它也可保持一定的产量。

杏树对土壤要求不严格,除通气性差的粘重土壤外,在砂质土、壤土、粘壤土、微酸性土和微碱性土上,甚至在岩缝中,也可以生长。

土壤肥力对杏树的生长和发育,果实的产量和品质、树体的长势和寿命,都有明显的影响。在平地或山前水平梯田上,因土层深厚、肥沃,有机质含量高,所生长的杏树树体高大,树势健壮,杏果产量高,品质好,连续结果能力强。

但值得注意的是,杏树不可种植在其他核果类果树迹地上,否则因易发生重茬病而死亡。重茬再植病表现为植株生长缓慢,有的幼树死亡。发生重茬再植病的原因,主要是由于残留在土壤中的杏树老根中含有杏仁甙,老根腐烂分解时产生的氢氰酸,对新植幼树有毒害作用。同时,杏树老根腐烂产生的一切有机物,对杏树生长均不利。因此,在建园时,应避开老杏园迹地,或采取科学的土壤消毒措施,进行土壤改良后,才可定植杏树幼苗。

五、鲜食杏的种及主要优良品种

（一）鲜食杏的种

杏原产于我国。杏的野生种和栽培品种资源都十分丰富。全世界杏属植物有8种，其中我国就有5种。这5种杏属植物是：普通杏、西伯利亚杏、东北杏、藏杏和梅。世界上杏的栽培品种有3 000多个，都属于普通杏类型，其中鲜食杏就属于普通杏中的栽培品种。

（二）鲜食杏的分布

我国鲜食杏的分布范围广阔。其分布情况大体以秦岭和淮河为分界线。淮河以北分布较多，并主要分布在黄河流域，为我国鲜食杏的最佳栽培区和主要经济栽培区。淮河以南及长江流域各省栽培较少。

我国鲜食杏的分布区域、主要产区及重点产地如表4所示。

表 4 我国鲜食杏的主要产区及重要产地

区域划分	主要气候特点	分布省份及地县	代表品种
东北及内蒙地区	活动积温 2000℃～3000℃,无霜期120～180 天,年降水量400～700 毫米	黑龙江:东宁等	大白杏、龙垦杏
		吉林:延吉、龙井、永吉、桦甸	大白杏
		内蒙古:呼和浩特	金杏、双仁杏
		辽宁:锦西、东沟、营口、海城等	银白杏、骆驼黄杏、软核杏
华北及豫鲁地区	年活动积温3000℃～4500℃,无霜期 150 天以上,7月份平均气温22℃～27℃,年降水量350～700 毫米	河北:邢台、邯郸、张家口、石家庄、昌黎、保定、承德	串枝红、麦黄杏、香白杏、石片黄
		河南:渑池、滑县、开封、灵宝	仰韶黄杏、大接杏、贵妃杏
		山东:历城、崂山、邹县、益都、烟台、沂源、夏津	红玉、杨继元杏、果杏、红荷包、崂山红杏
		山西:运城、清徐、万荣、永济、阳高、中阳	白水杏、沙金红、京杏
		天津:蓟县	香白杏
		北京市:延庆、昌平、海淀	骆驼黄杏、玉巴达
西北地区	活动积温2500℃～3500℃,无霜期130～220 天,年降水量400～700 毫米	陕西:华县、大荔、临潼、西安、三原、乾县、长安、礼泉、商南、淳化、绥德	华县大接杏、曹杏、广杏、银白杏
		甘肃:兰州、平凉、庆阳、陇南、天水、定西、敦煌、张掖、酒泉、武威	大接杏、金妈妈杏、大核杏
		青海:贵德、民和、乐都、化隆、循化	大接杏
		宁夏:灵武、吴忠、中卫、永宁	黄口红杏、新水杏
		新疆:库车、轮台、喀什、和田、库尔勒、墨玉、叶城、哈密、伊宁、霍城	玉吕克杏、李光杏、白干杏、冬杏

（三）鲜食杏的主要优良品种

金玉杏

金玉杏又名山黄杏，产于北京市昌平区。树势强壮，树姿开张。果实于6月中旬成熟，成熟期一致，耐贮运。果实发育期65天。果实圆形，平均单果重60克，最大单果重80克。果顶平，微凹，缝合线明显且深，两侧片肉对称或稍不对称。果皮底色橙黄，阳面具鲜红晕。果肉橙黄色，肉厚，肉质细韧，富有弹性。果汁多，纤维少，酸甜可口，风味浓。含可溶性固形物14.5%，糖9.46%，酸1.65%，维生素C 17.35毫克/100克。品质上乘，半离核，苦仁。该品种是优良的丰产、早熟，加工、鲜食兼用杏（图12）。

骆驼黄杏

骆驼黄杏，原产于北京市门头沟区。树势强，树姿开张。果实成熟期6月初，发育期55～60天。果实圆形，

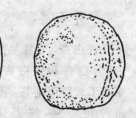

图12　金玉杏

果顶平圆，微凹，缝合线明显，片肉对称。平均单果重50克，最大果重达78克。果皮底色橙黄色，阳面暗红晕。果肉橙黄色，肉质软，纤维多，汁液丰富，甜酸可口。含可溶性固形物11.5%，糖6.99%，酸2.04%，维生素C 5.8毫克/100克，品质上乘。半粘核，甜仁。该品种为优良的丰产、极早熟鲜食杏品种（图13）。

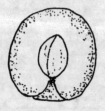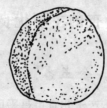

图 13　骆驼黄杏

串枝红杏

串枝红杏,产于河北省巨鹿县、广宗县、威县及平乡等地。该品种树势生长旺盛,干性强。果实于 6 月底至 7 月初成熟,发育期 80 天左右。果实圆形,果顶一侧凸起,稍斜,梗洼深,缝合线明显且深。两侧片肉不对称。平均单果重 52.5 克,最大的达 70 克。果面底色橙黄,阳面紫红晕。果肉橘黄色,肉质细密,汁液中多,味酸甜,品质上乘。含可溶性固形物 11.4%,可溶性糖 5.61%,可滴定酸 1.66%,维生素 C 7.46 毫克/100 克。离核,苦仁。该品种适应性强,极丰产,果实加工性能好,为优良的中、晚熟,加工、鲜食兼用杏(图 14)。

香白杏

香白杏,又名大香白、大白杏和银白杏。原产于天津市蓟县。该品种树势强,树姿开张。果实成熟期 6 月下旬,发育期 60～70 天。

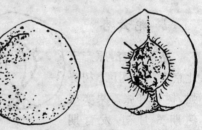

图 14　串枝红杏

果实近圆形,似和尚帽,果顶一边尖圆,正中微凹,果底平,缝合线浅而显著。片肉不对称。平均单果重 47.5 克,最大单果可达 67.6 克。果面底色黄白,阳面有鲜红霞。果肉黄白色,肉质细,纤维少,汁液多,味甜,香气特浓,品质上乘。果实含可溶性固形物 14.1%,糖 11.2%,酸 1.62%,维生素 C 2.74 毫克/

100克。离核或半离核,苦仁。该品种抗旱,适应性强,品质优良,为著名的鲜食品种。但因皮薄不耐贮运。有隔年结果现象(图15)。

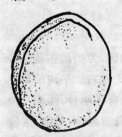

图15 香白杏

红玉杏

红玉杏,又名大峪杏和红峪杏。原产于山东省历城和长清等县,为当地主栽品种。该品种树体健壮,树姿开张。果实于6月上中旬成熟,发育期70天左右。平均单果重80克,最大果达105克。果实呈长椭圆形,顶平,微凹,缝合线明显,梗洼深。果皮底色橘红色,阳面少量红晕。果肉橘红色,肉质韧而细,肉厚而多汁,纤维少,酸甜可口,风味浓,品质上乘。含可溶性固形物15.9%,糖8.8%,酸2.4%,维生素C 6.2毫克/100克。离核,苦仁。该品种丰产,加工性能好,为优良的中、晚熟,鲜食、加工用杏(图16)。

红金榛杏

红金榛杏,产于山东省招远市。幼树长势很强,成龄树树姿开张。果实7月上中旬成熟,发育期约80天。平

图16 红玉杏

均单果重71克,最大果重120克。果实长圆形,果顶平,梗洼深,缝合线明显且深。两侧片肉对称。果皮底色橘红色。果肉

橘红色,柔软多汁,甜酸适口,品质上乘。含可溶性固性物13%,离核,甜仁。该品种果实个大,整齐,加工性能好,为优良的中晚熟鲜食、加工兼用杏。

杨继元杏

杨继元杏,产于山东省青岛市崂山地区,为当地主栽品种之一。果实于6月下旬成熟,发育期70天左右。平均单果重53克。果实近桃形,果顶尖,花柱残留,缝合线明显,两侧片肉不对称。果皮底色黄绿,阳面紫红色。果肉黄绿色,质细,柔软多汁,味甜,品质上乘。离核,苦仁。该品种适应性强,丰产,质优,是优良的鲜食杏品种。

仰韶黄杏

仰韶黄杏,又名鸡蛋杏。原产于河南省渑池县,广泛栽培于河南西部地区。果实6月中旬成熟,发育期70~80天,平均单果重89.5克,最大可达131.7克。果实卵圆形,果顶平,微凹,梗洼深广,缝合线明显而浅,两侧片肉不对称。果皮底色橙黄,阳面有少量鲜红晕和紫红色斑点。果肉橙黄色,肉质细腻,致密,富有弹性,纤维少,汁液多,甜酸适度,香气浓,品质上乘。果实含可溶性固性物14%,维生素C 11.7毫克/100克。

离核,苦仁。该品种花期较其他品种晚3~5天,可抗晚霜危害,果实在常温下可贮放7~10天。加工性能好,是优良的鲜食、加工兼用品种(图17)。

图17 仰韶黄杏

华县大接杏

华县大接杏,产于陕西省华县。果实6月上中旬成熟,发育期约70天。平均单果重84克,最大的达150克。果实扁圆形,果顶微凹,柱头残存,梗洼中深,缝合线浅而不明显,片肉对称。果皮底色黄色,无彩色,有少量红色斑点。果肉橘黄色,肉质柔软,多汁,味极甜,品质极上乘。离核,甜仁。该品种极丰产,抗旱力强,抗晚霜,为优良品种的中熟鲜食杏。

三原曹杏

三原曹杏,原产于陕西省三原县。果实6月上旬成熟,发育期约70天。平均单果重80克左右。果实圆形,果顶平,微凹,花柱残存,缝合线明显且深,两侧片肉对称。果皮底色为黄色,阳面有红晕。果肉橙黄色,柔软多汁,味甜,品质极上乘。离核,甜仁。该品种丰产性极强。树体抗干旱,耐瘠薄,抗晚霜强。为著名的鲜食杏品种。

广　杏

广杏,又名礼泉梅杏。原产于陕西省礼泉县和乾县。果实6月上旬成熟,发育期70天左右。果实圆形,个大,平均单果重100克,最大可达150克。果皮底色和果肉均为橙黄色。味甜,多汁,品质极上乘。离核,甜仁。该品种极丰产。其花期较其他品种晚5～6天。抗晚霜,抗干旱能力强,为优良的大果型鲜食杏品种。

沙金红杏

沙金红杏,原产于山西省清徐县。果实于6月下旬成熟,发育期 85 天左右。单果平均重 57.9 克。果形不正,扁圆形,果顶平,微凹,梗洼深,缝合线明显且深。果皮底色橙黄色,阳面鲜红或紫红。果肉橙黄,肉厚,质细而紧实,汁多,酸甜可口,品质上乘。含糖 12.6%,含酸 1.01%。半离核,苦仁。该品种适应性强,极丰产。耐干旱,果实耐贮运。为优良的晚熟鲜食、加工兼用杏(图 18)。

图 18　沙金红杏

白水杏

白水杏,原产于山西省万荣县。果实于 6 月中旬成熟,发育期约 70 天。平均单果重 30 克。近圆形,果顶突起,尖端稍偏,梗洼深,缝合线明显而浅。果皮底色黄白,阳面粉红晕并有红色斑点。果面光滑,皮薄。果肉金黄色,肉质细软,纤维少,汁液多,味甜清香,品质上乘。含糖 6.12%,含酸 1.49%。离核,甜仁而饱满。该品种为优良的鲜食杏。

兰州大接杏

兰州大接杏,原产于兰州市郊及临夏、东乡等地。该品种树势强,枝条直立,新梢粗壮。果实于 6 月下旬成熟,发育期约 70 余天。平均单果重 85 克,最大的达 200 克以上。果实圆形或卵圆形,果顶圆,梗洼中深而广,缝合线显著而中深,两侧片肉对称或稍不对称。果皮底色为黄色,阳面稍有暗红晕及红斑点。果肉黄色,肉质柔软,纤维中多,汁液多,味甜,品质极上乘。含可溶性固形物 14%。离核,甜仁。该品种果大、质优、丰产,为著名的鲜食杏(图 19)。

金妈妈杏

金妈妈杏,为兰州农家品种。果实于6月下旬成熟,发育期约80天。平均单果重46.3克,最大的达60克。近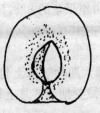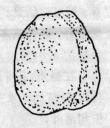

图19 兰州大接杏

圆形,果顶圆,梗洼深而广,缝合线明显而浅,两侧片肉对称。果皮底色橙黄,阳面有鲜红晕,并有深红色斑点。果肉橙黄色,肉质细软,味甜多汁,品质上乘。含可溶性固形物14.2%。半离核,甜仁,出仁率为40%～45%。该品种外形美观,适应性强,极丰产,为优良鲜食杏,也可加工成杏脯。

果 杏

果杏,山东省德州地方品种,是陵县边临镇后华村杏园中的实生杏品种,为早熟品种。树势较强,幼树树姿直立,成龄树姿半开张,呈自然圆头形。叶卵圆形,大而平展,深绿色。花芽小,圆锥形,半离生。花瓣较大,粉红色。

果实平底圆形。平均单果重66.7克,最大果重86克。果顶微凹,缝合线浅,两半不对称,梗洼狭、深,不皱,果柄短,果皮厚,茸毛少。底色橙黄,成熟时着玫瑰红彩晕,外观美。果皮不易剥离。果肉橙黄色,肉质致密,细脆,纤维少,汁液多。含可溶性固形物13%。口味甜酸爽口,香味浓,品质上乘。果核小,离核,仁微苦。果实耐碰压,耐贮运。

幼树生长健壮。一般第三年可开花结果。健壮树长、中、短枝所占比例分别为4.4%、7.8%和87.8%,成花容易。一年生粗壮枝均可成花,特别是中、短枝上90%以上芽均为复花芽。短果枝结果约占座果量的 82.7%,以 2～5 厘米短果枝生果最好。败育花多,占 15%～20%。可自花结实。自然授粉座果率为 5.04%。

在德州,花芽膨大期为 3 月上旬,盛花期为 3 月底,花期持续 5～7 天。果实成熟期为 6 月上旬,发育期为 60 天,11 月中旬落叶。

果杏适应性强,抗旱、抗瘠薄、抗盐碱能力强,在 pH 值为 8.5 土壤中可正常生长结果,花期抗晚霜危害,抗寒、抗病,不受细菌性病害感染。

在栽培中栽植密度以 2～4 米×4～5 米为宜,采用多主枝自然开心形。要用红荷包、红玉杏等做授粉品种,配置比例为 1:8。宜采用轻剪长放、缓势修剪。要及时回缩更新结果枝组,保持一定的生长势,防止早衰。

试管黄杏

试管黄杏,由山东省果树研究所培育。母本为红荷包×二花曹,1995 年选出,为极早熟胚培优质杏。

该品种树姿稍开张,新梢生长量大。叶片中大,为 7.14 厘米×5.65 厘米,卵圆形,叶色深绿。花芽中大,顶端钝尖。复芽占 95% 以上,花冠较大,粉红色。

果实圆形,果顶平或圆,缝合线一端过顶稍凸,平均单果重 57.24 克,最大的为 87 克。缝合线较明显,近梗洼处缝合线深。果皮光滑,橙黄色,阳面着红晕,果皮不易剥离。果肉橙黄色,肉质较细,果汁多,风味酸甜,香味浓,品质上等。含可溶性固形物 11.74%,离核,仁苦。果核小,扁圆形,浅褐色,成熟期为 5 月 18 日(山东泰安),比母本红荷包早熟 3～5 天。

树势较强,萌芽率高,成枝力中等,以短果枝结果为主,大小年结果现象不明显。较丰产。

试管红杏

试管红杏,由山东省果树研究所培育。1995年选出,为极早熟胚培优质杏。

树姿开张,新梢生长量大。叶片中大,卵圆形,叶色深绿。花芽中大,顶端钝尖,复芽占95%以上。花冠较大,粉红色。

果实倒卵圆形,基部窄,果顶平或微凹。果实个大,平均单果重54.92克,最大单果重67克。缝合线较深而宽,两边对称。果面光亮,果实底色为橙黄色、粉色或紫红色,果面1/2以上着紫红晕,极美观。果皮不易剥离,果肉橙黄色,肉质较细,纤维少,果汁多,味甜微酸,有浓郁香气,风味极佳,品质上乘。含可溶性固形物14.53%,半离核,仁苦,果核小,扁圆形,深褐色。5月16日成熟(山东泰安),比红荷包杏早熟5~8天,品质优于红荷包杏。

树势较强,萌芽率高,成枝力中等,以短果枝结果为主。

秦王杏

秦王杏,陕西省果树研究所选育,1999年命名并发表。

果实底色橘黄,成熟时阳面及果顶有鲜艳红晕。在正常疏果条件下,平均单果重125克,属特大型杏果,125克果型的外形尺寸为长∶宽(缝合线切面横轴)∶厚为55厘米∶57厘米∶51厘米。果实肉质清脆可口,含可溶性固形物18%,偶有半离核者,仁微苦。

树体较矮化,10年生树高3.7米,冠径4.1米,主干直径为13.6厘米,生长势缓和,节间较短,不易产生徒长枝。在杨陵地区,3月17~23日为花期,果实成熟期为5月21~28

日,果实生长期约为 58～63 天,属特早熟果。

　　该品种抗霜冻能力强。花器健壮。自花结实力强,100%为完全花。在套袋情况下,自花结实力可达 10%以上。抗裂果能力强,迄今为止,未发现裂果现象。在栽培中,宜采用宽行窄距栽培,株行距为 2 米×5 米。肥水管理宜采用氮、磷、钾比例为 1：1：1,注意增施有机肥,并补充树体水分,尤其是疏果后浇水,有利于果实膨大。最好在花后 1 周开始疏果,将产量控制在 1 500 千克/667 平方米,疏果应在 3～5 天内完成。该品种干性较弱,宜采用多主枝开心形或二层开心形,修剪应着重培养紧凑的结果枝组,并注意更新枝组。

红丰杏

　　红丰杏,亲本为红荷包×二花曹。果实圆形,平均单果重57.24 克,最大果重 87 克。缝合线较明显,近梗洼处缝合线较浅,果皮光滑,橙黄色。阳面着红晕。果皮不易剥离。果肉橙黄色,肉质较细,果汁多,风味酸甜,香味浓,品质上乘。含可溶性固形物 11.74%。离核,仁苦。果核小,扁圆形,浅褐色,成熟期为 5 月中下旬。

新世纪杏

　　新世纪杏,亲本为红荷包×二花曹。果实倒卵形,果实大,平均单果重 73.5 克,最大果重 108 克。缝合线较深而宽,两边对称,果面光亮,果实底色为橙黄色或紫红色,果面 1/2 上着艳丽的紫红晕,极美观,果皮不易剥离,果肉橙黄色,肉质较细,纤维少,果汁多,味甜微酸,有浓郁香气,风味极佳,品质上等。含可溶性固形物 14.53%。半离核,仁苦,果核小,扁圆形,深褐色,成熟期为 5 月中下旬。

金太阳杏

金太阳杏,系美国品种,1993年引入我国。果实较大,平均单果重66.9克,最大果重87.3克。近圆形,果面光洁,底色金黄色,阳面着红晕,外观美丽,果肉黄色。离核,肉质细嫩,纤维少,汁液较多,有香气,品质上等。果实完熟时,可溶性固形物含量14.7%,风味甜,抗裂果,较耐贮运,常温下可贮放5～7天。在0℃～5℃条件下,可贮放20天以上。成熟期为5月下旬至6月上旬。

该品种具有较强的适应性和抗逆性,以短果枝结果为主,自花结实力强,定植后第二年平均株产达3.5千克以上,第三年平均株产38.6千克,最高的达41.5千克。

金寿杏

金寿杏,美国品种,1993年引入我国。该品种果实较大,平均单果重100～175克。果实近圆形,梗洼深,果皮底色橘黄,光照条件好的阳面鲜红,表面光滑艳丽美观。成熟后果肉橙红色,肉质细,汁多,味甜芳香,品质上等。在华北地区成熟期为6月中下旬。

该品种早果性、丰产性强。二年生成苗定植后,次年可株产杏5～14千克;速成苗定植后,次年可100%开花结果,3～4年后进入丰产期。

二转子杏

二转子杏,原产于陕西省礼泉县,现分布于陕西、河北、北京和辽宁等省、市。果实近圆形,平均单果重133克,最大果重180克。果皮黄色,阳面微着红晕。果肉橙黄色,肉质细软,多汁,甜酸,浓香,可溶性固形物含量为 12.8%。半离核,仁甜。品质上等,常温下果实可贮存 3～5 天。该品种在辽宁 4 月中旬开花,6 月末果实成熟,果实发育期约 68 天。

该品种树势强,抗旱、抗寒,较丰产,果实极大,是目前我国杏属植物中果实最大的品种。其品质优良,惟采收期略迟,会产生裂果。

晚　杏

晚杏,原产于辽宁东沟,现分布于辽宁和河北等地。果实近圆形,平均单果重 44 克,最大单果重 50 克。果皮黄色,阳面有红斑。果肉橙黄色,肉质松软,果汁多,味甜酸,有香气,可溶性固形物含量为 12.2%。半离核,仁苦,仁重 0.7 克。鲜食品质中上,常温下果实可贮放 5 天左右。该品种在辽宁省熊岳地区 4 月中旬开花,7 月末果实成熟。果实发育期 96 天。

该品种抗寒,较丰产,是晚熟鲜食兼加工用良种。

黄口外杏

黄口外杏,原产于宁夏,现分布于宁夏、甘肃和辽宁等地。果实卵圆形,果顶有突尖,平均单果重 60.1 克,最大单果重 80 克。果皮黄绿色,阳面红色。果肉黄色,肉质致密,果汁少,味酸甜,含可溶性固形物 12.7%。半离核,仁甜,仁大而饱满。果实品质上中等,常温下可贮放 7～10 天。该品种在辽宁省熊岳地区,于 4 月中下旬开花,7 月中下旬果实成熟,果实发育期 88 天。

该品种适应性强,极丰产,耐贮运,是鲜食与加工兼用良种。

其他优良品种

全国各地还有许多其他的优良鲜食杏品种,其中主要优良鲜食杏品种的性状如表5所示。

表5 全国各地鲜食杏主要优良品种及特性

名　称	原产地	平均单果重(克)	肉质	风味	产量	品质	成熟期	用途
大玉巴达	北京海淀	61	细软	甜酸	较丰产	上	早	鲜食
串铃	北京海淀	45	细软	甜酸	—	上	早	鲜食
桃杏	河北临漳	95	稍粗	甜	丰产	上	中	鲜食加工
天鹅蛋	河北新河	69	细	甜	高产	极上	晚	鲜食
偏棱子	河北廊坊	90	细	甜	丰产	上	晚	鲜食
馍馍杏	河北景县	92	细	酸甜	高产	极上	中	鲜食
石片黄	河北怀来	27	细	酸甜	丰产	—	中	鲜食
供佛寺	河北阳原	95	细	酸甜	丰产	极上	中	鲜食
红荷包	山东历城	45	细	甜酸	丰产	上	极早	鲜食加工
崂山红杏	山东青岛	50	细脆	酸甜	丰产	上	中	鲜食加工
红榛杏	山东青州	55	细韧	酸甜	—	上	早中	鲜食
水杏	山东泰安	65	—	甜	—	上	中	鲜食
软条京杏	山西阳高	42	松软	甜酸	丰产	上	中	鲜食加工
硬条京杏	山西阳高	38	细硬	甜酸	—	上	中晚	鲜食加工
园庆州杏	山西原平	58	柔软	酸甜	中上		晚	鲜食加工
贵妃杏	河南灵宝	55	细绵	酸甜	—		中晚	鲜食加工
代蒙杏	河南鹤壁	54	细	甜	—	上	中	鲜食加工
大接杏	河南辉县	57	细	酸甜	丰产	上	中	鲜食加工

名　称	原产地	平均单果重(克)	肉质	风味	产量	品质	成熟期	用　途
张公园杏	陕　西	84	细密	甜酸	丰产	上	中晚	鲜食
临潼银杏	陕西临潼	61～81	细	甜酸	—	上	早中	鲜食
葫芦杏	陕西淳化	45～84	较细	甜酸	丰产	上	早中	鲜食
金　杏	内蒙古	30	软	甜	丰产	上	早中	鲜食
双仁大杏	内蒙古	71	软	甜	丰产	上	晚	鲜食
穷白新奈依玉吕克	新疆伊宁	50	软	酸甜	丰产	上	早中	鲜食
银白杏	辽宁义县	78	—	甜	—	上	中熟	鲜食
大白杏	吉林延吉	49	细软	—	—	上	中	鲜食
红榛杏	吉林公主岭	34	细软	酸甜	—	上	早中	鲜食
软核杏	辽宁凌源	32	—	—	—	上	早中	鲜食加工

六、鲜食杏苗木繁育技术

在鲜食杏的建园和发展过程中，必须要求采用良种壮苗。因为苗木的品种和质量情况如何，直接影响着栽植成活率，园地整齐度，苗木及幼树的生长速度，进入结果期的早晚，产量的高低及果品的质量。因此，在苗木的繁殖过程中，一定要掌握好每一个技术环节。鲜食杏苗木的繁育，主要采用嫁接繁殖方法，因为通过嫁接繁殖的鲜食杏苗木，长大后能够保持栽培品种的优良特征和特性。

（一）砧木苗的培育

1. 采种与选种

育苗用的种子，必须在其充分成熟后再采收。鲜食杏的最佳砧木为山杏，即西伯利亚杏。也可采用土杏（一种小果肉用杏）做砧木品种。所采做种山杏，必须完全成熟，以显示出固有的黄色，外果皮开裂，杏果自树上开始自然脱落时为最好。要将采集的山杏果，剥去青皮，放于通风处晾晒阴干备用。

充分成熟的种核，表面鲜亮，核壳坚硬，种仁饱满，剥开后种仁呈白色。如果种核外壳发污，种仁发黄或瘪瘦，则发芽出苗率低，不宜做种子用。

2. 种子的沙藏处理

准备春季播种的种核，应于冬季进行沙藏，以保证出苗率。具体方法是：在背阴高燥处，挖一深50～80厘米的坑，坑的长度依种核数量而定。在沙藏前，先用清水浸泡种核2～3天，再用湿河沙拌好。湿河沙的含水量以用手能握成团但不滴水为宜。种子和河沙的比例为1：3。进行沙藏时，先在坑内铺一层10～15厘米厚的河沙，再将拌好沙的种核撒进去，一直铺到离坑口5～10厘米处，然后用湿沙填平，并培一个沙土堆。沙土堆高10～15厘米，以防积水。如果杏核量大，可在坑内竖一草把，以利通风散热，防止杏核霉烂（图20）。

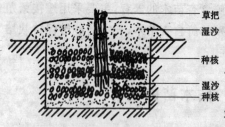

图20 杏核层积沙藏

在沙藏杏核时，要注意防鼠。可在沙坑处四周用细眼铁丝网罩住，或投放毒饵。

家庭少量沙藏，可将种核用湿沙拌好后，放入已挖好的沙藏坑中即可（图21）。

在杏核沙藏时，尤其是家庭少量沙藏时，如果掺入经过腐熟的人粪尿，效果会更好。人粪尿用量最好是河沙的1/10左右。在杏核吸水膨胀，外壳开裂的过程中，幼芽可吸收养分，出苗后长势健壮。

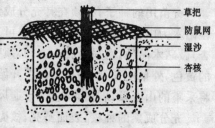

图21 杏核沙藏

在0℃～5℃条件下，山杏核需要沙藏50～80天。在沙藏过程中，要经常检查。如果河沙的湿度过低，则要再洒入一些水;如果湿度过大时,则应将河沙翻晒一下或掺入干河沙,以降低湿度。当有大部分种核开裂,杏仁露白时,即可播种。

3. 种子及土壤的消毒

(1)种子消毒 为了消灭依附在种子表面的病菌,有效地防止种子在发芽期间受病菌的侵染,在沙藏之前,可进行种子消毒。常用方法有:

①福尔马林液浸种 用0.15%的福尔马林液,浸种15～30分钟。捞出后,再密封2～3小时即可。

②硫酸铜溶液浸种 用0.3%～1%的硫酸铜溶液,浸种4～6小时即可。

③高锰酸钾溶液浸种 用0.3%～0.5%的高锰酸钾溶液,浸种2小时,捞出后即可。

④敌克松拌种 用种核重量0.2%～0.5%的敌克松,加入10～15倍的细沙土,再拌入种核,进行沙藏、催芽或播种。

在生产中,需要进行温水浸种的,可先进行浸种,再进行消毒或拌种。消毒后,可直接沙藏、催芽或播种。发了芽的种子,不宜再进行消毒,以免发生药害。

(2)土壤消毒 对土壤进行消毒处理,是消灭土壤中的病原菌和地下害虫的最佳方法。播种前认真搞好土壤消毒,可以有效地控制苗期病虫害的发生。其常用的消毒方法如下:

①浇灌硫酸亚铁溶液 每平方米用2%的硫酸亚铁水溶液9升,直接浇地。

②浇灌福尔马林液 每平方米用福尔马林50毫升,加水6～12升,在播种前7天灌溉,灌后盖膜,晾晒3～5天后,至无福尔马林味时播种。主要作用是杀菌。

③使用敌克松毒土 每平方米用敌克松4～6克,配成毒

土,撒在苗床上作垫土或覆土,用于苗床杀菌。

④**使用福美锌毒土** 每平方米用福美锌 7～10 克,配成毒土,撒在苗床上作垫土或覆土,用于苗床杀菌。

⑤**使用克菌丹毒土** 每平方米用克菌丹 9 克,配成毒土,作为苗床上的垫土或覆土,用于苗床杀菌。

⑥**使用苏化 911 毒土** 每平方米用 30%的苏化 911 粉剂 2 克,配成毒土,作为苗床的垫土或覆土,用于苗床杀菌。

⑦**使用辛硫磷毒土** 每平方米苗床用 50%的辛硫磷 2克,配成毒土,直接撒在土壤上,用于苗床杀虫。

4. 播 种

(1)春 播

①**春播时间** 春天土壤解冻后进行。

②**苗圃地准备** 苗圃要避开重茬地,禁止在杏树行间育苗。要选择土层肥厚,不积水,但有灌溉条件的地块作苗圃地。苗圃地要施足底肥,一般每 667 平方米(1 亩,下同)施入农家肥 5 000～10 000 千克。然后浇足底水,使水下渗后深翻 30～40 厘米,再平整做畦。畦宽 1.2 米,以 8～10 米长为最适宜。

③**播种** 将经过沙藏的种核,做垄点播,行距为 30 厘米,株距为 6～9 厘米,深度为 3～5 厘米。一般来说,沙土宜播种深些,粘土宜浅些。播种后,要覆土踏实,并将地表土耙松 1～2 厘米深,以利保墒。如果种核出芽太长,则采用开沟播种,即在整好的地上,按行距开沟,沟深 3～5 厘米,在沟内浇小水。将已发芽的种核,使胚根向下插入泥中,上面再覆 2～3 厘米厚的细土。这样既可保护种核的胚根不受损伤,又可使出苗快而整齐。春播后,可覆盖地膜。这样既能保温保墒,还可提前3～5 天出苗,有利于快速育苗,实现当年苗木出圃。

（2）秋　播

①秋播时间　于当年秋季至土壤封冻前进行。秋季播种可省去种核沙藏、催芽等过程，简便易行，而且第二年春天出苗早，幼苗壮。但遇春旱时会降低出苗率。

②土壤准备　秋季要施足底肥，浇足底水，水下渗后进行深翻，然后做畦，畦宽 1～1.5 米，长 8～10 米。

③播种　秋季播种要比春季播种深一些，一般为 5～10厘米。在播种前，最好用甲铵磷、一六〇五等剧毒农药拌种，以防鼠害。其播种方法与春播相同。

（3）播种量　苗圃地的播种量，依种核大小而定，每 667平方米的播种量一般大粒山杏为 30 千克，小粒山杏为 20～25 千克，山桃为 25～40 千克，毛桃为 25～50 千克（表6）。

表6　鲜食杏砧木种子每千克粒数及播种量

品　　种	山　杏	山　桃	毛　桃	毛樱桃
每千克种子粒数	800～1400	260～600	200～400	8000～14000
播种量（千克/667 平方米）	20～30	20～50	30～50	7.5～10

另外，要考虑种子的纯度、发芽率等因素，也可按下列公式计算：

$$每 667 平方米播种量（千克）=\frac{每 667 平方米计划出苗数}{每千克种子粒数×种子纯度×种子发芽率}$$

如果种子纯度为 75%，种子发芽率为 60%，每千克种子有 900 粒，计划每 667 平方米培育 10000 株山杏苗时，则 667平方米需要山杏 $=\frac{10000}{900×75\%×60\%}=22$（千克）

在实际生产中，要根据计划育苗量，并考虑到株行距、当地气候条件、育苗技术、种子质量(即种子纯度、种子发芽率)、种子千粒重及造成苗木损失的各种原因,确定播种量。

5. 实生苗的管理

(1)**间苗与定苗** 山杏幼苗出土后,一般在2～3片真叶后进行第一次间苗。间苗过晚则影响幼苗生长。要早间苗,晚定苗,及时补植移栽苗,使苗木分布均匀,生长良好。在间苗时,要首先间稀过密苗,双苗留1苗、去掉小苗、弱苗和病苗。一般要进行2～3次。每次间苗后,要及时弥缝、浇水,防止漏气晾根,以保护幼苗根系。定苗时,所保留幼苗的数量要大于预计产苗量。

(2)**施肥** 苗圃追肥要分2～3次进行。前期施用氮肥,每次每667平方米施5～10千克尿素;后期施磷、钾复合肥,每次每667平方米施用8～10千克,以加速苗木生长和木质化进程。追肥最迟不要超过8月中旬,否则苗木贪青徒长,不易成熟,会推迟休眠期,冬季易于抽条。施肥可采用撒施方式,即将化肥均匀地撒在畦内,随即浇水和中耕除草。

(3)**浇水** 浇水是育苗的重要管理措施。在苗木生长期可浇水5～8次。播种前要浇足底水。出苗前尽量不浇蒙头水,以免土壤板结和降低地温,推迟和影响种子萌芽与出土。当幼苗期苗木长到15～20厘米时,要适当加大浇水量。进入雨季后,要注意苗圃地排水防涝,防止苗木较长时间积水,造成苗木根系腐烂,发生病害,甚至死亡。进入8月份后,要适当保持土壤干旱,以防苗木贪青徒长,不利越冬。

(4)**中耕除草** 这可以疏松土壤,减少水分蒸发,起到抗旱保墒作用。同时,清除杂草可以避免其与苗木争夺养分,并消灭病虫繁殖场所。中耕除草一般多在施肥浇水或降水后进行。一年进行 4～6 次;杂草多的地方,可进行 7～8 次。除草时,要细致认真,不要伤及幼苗。

(5)摘心与抹芽 及时摘心,可促使砧木苗加粗,能提早嫁接。摘心应在植株结束旺盛生长之前进行。摘心过早,会刺激萌发出现二次枝和三次枝,影响砧木增粗和嫁接。一般以在嫁接前一个月,苗木高度达到 30～40 厘米时进行为宜。砧木抹芽,是及早抹除苗干基部 5～10 厘米以内的萌发幼芽,以增加其光滑程度,便于嫁接。在嫁接部位以上的副梢应予保留,以增加全株的叶面积,促使苗木加粗。

(6)及时防治病虫害 苗木遭受病虫危害后,会影响生长,降低苗木质量,甚至引起缺苗断垄或成片死亡。因此,应及时采取有效措施,防治苗期病虫害,减少损失,保证苗木正常生长。具体方法可参考病虫害防治部分的有关内容。

(二)嫁接苗的培育

嫁接苗具有生长快,结果早,能保持母本优良品质的特性,尤其是在新建园的良种化方面,实行苗木嫁接具有更重要的意义。

1. 常用砧木及特点

实践证明,山杏(西伯利亚杏、东北杏)、山桃(普通桃、甘肃桃)、普通杏欧李、小黄李实生苗,均是鲜食杏的最好砧木,它们都有较强的抗旱、抗寒能力和较强的嫁接愈合能力。部分樱桃品种(如西沙樱桃、玛瑙樱桃)也可做鲜食杏的砧木。常用砧木的特点分别如下:

①山杏砧木,嫁接亲和力强,树体高大,但进入结实期晚。

②山桃砧木,可使嫁接杏树结果早,品质好,但寿命短,易早衰。

③小黄李砧木,耐涝性强,但易患红点病。

④欧李或部分樱桃砧木,对嫁接杏的树体有矮化作用,结果早,但易早衰,后期表现不亲和。

因此,培育鲜食杏,最好的砧穗组合是:品种/山杏。

2. 枝 接

凡采用枝条嫁接的,均称为枝接。通常可分为劈接、腹接、插皮接、搭接、切接和根接等。在育苗上通常采用的是劈接、腹接、切接、搭接和插皮接等方法。

(1)接穗准备 枝接用的接穗,必须是一年生成熟枝条,要随采随用。如果嫁接时期长,可提前将接穗采下,埋在土中备用,也可使用冬贮的接穗。

冬贮接穗,是在冬剪时,将充实的一年生的发育枝或中、长果枝收集起来,选其具有饱满芽的部位,截成 30~40 厘米长的枝段,每 100 根捆成一捆,置于冷凉的地窖中或挖坑用湿沙土埋好,使温度保持在 0℃~5℃。在接穗贮藏过程中,要经常检查,保持适当的湿度,使土壤含水量维持在 10%~15%,并使接穗芽子在嫁接前不要萌发。如果接穗的芽子萌发,则嫁接后成活率显著下降。

嫁接前,最好将接穗放在水中浸泡 12~24 小时,使接穗吸足水,便于萌发和伤口愈合,果农称其为"醒芽"。醒芽可提高嫁接成活率。

(2)嫁接方法

①**劈 接**

嫁接时间:春季萌芽期至盛花期均可进行。

适用范围:对一年生至多年生苗木均可使用。

操作技术:将砧木自距地面 5～6 厘米处剪断,从断面中央垂直向下劈一切口,深约达 3～5 厘米(图 22)。将接穗剪成带有 3～4 个芽的小段,在基部 3～4 厘米处削成对称的两个斜面,使两个斜面成内薄外厚、上宽下窄的楔子形。将削好的接穗插入砧木劈口内,并使两者的形成层对齐。接穗的削面不宜全插入砧木中,上面应留 2～3 毫米的白茬。这称为"露白"。露白的目的是使之形成愈伤组织,使接口愈合牢固。接好后,立即用塑料条绑缚,并用湿土埋一土堆,并将接穗埋严,以保持湿度。

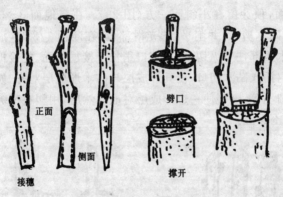

正面　侧面　接穗　劈口　撑开

图 22　劈　接

② 腹　接

嫁接时间:春季杏树萌芽时进行。

适用范围:一年生至三年生实生苗均可使用。

操作技术:在砧木离地面 5～6 厘米处成 15°角,斜切一刀,深达砧木粗度的 1/3,切口长 2～3 厘米。将接穗剪成 2～3 个芽的小段,沿枝段顶芽一侧的基部斜削一大斜面,在大斜面对面再削一小斜面,接穗小段下部便成为一边厚一边薄、一边长一边短的楔形。削好接穗后,一手推开砧木切口,将接穗插入,使长斜面紧贴木质部,两者形成层对齐吻合。最后,在接口上方1~2厘米处剪断砧木。用塑料条绑紧接口,用土埋严。

③切　接

嫁接时间:自树体(苗木)萌芽至盛花期进行。

适用范围:对十年生以下的树(苗木)均可使用。

操作技术:取5~6厘米长、带有3~4个芽的接穗,从基部3~4厘米处向下斜削一刀,约削去木质部的1/3,削成3~4厘米长的大斜面,再在其下方对面削一个0.5~1厘米长的小斜面,顶芽留在小斜面一方(图23)。在离地面3~5厘米处,将砧木剪断,并削平,选光滑部位,在断面1/3处,沿皮层稍带木质部往下纵切一刀,切口稍长于接穗切面。把接穗长削面朝内插入砧木切口,使其形成层与砧木形成层对齐。如果砧穗粗细不等,则要使一边形成层对准。然后,用塑料带绑紧接口,培土保湿。

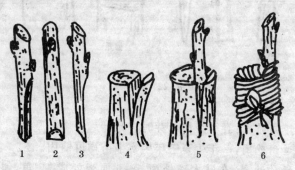

图23　切　接
1. 将所取接穗削一大斜面　2. 在接穗大斜面基部背面削
一小斜面　3. 接穗侧面状态　4. 断砧后在断面1/3处下
切一刀　5. 将接穗插入砧木切口　6. 绑扎

④插皮接

嫁接时间：在接穗发芽以前，砧木离皮以后进行。一般以在4月上旬至5月上旬为宜。

适用范围：直径在2厘米以上的砧木均可使用。

操作技术：选择光滑无伤疤、无分枝的砧木，在地面以上10厘米处剪断，剪口要平滑无毛茬。在接穗上选取2～4个饱满芽，将上端削平，在接穗基部3厘米处削一较薄的大切面，大切面的背面有芽子时要削除。在削面两侧稍稍削去一点皮，以露出形成层为宜。再在大切面对面1厘米处削一短切面，以便插入砧木切口。在砧木的嫁接处竖划一刀，用木签或竹签插入砧木韧皮部和木质部之间，撬开皮层，将接穗轻轻推入砧木皮层内，直到稍有露白为止。然后将外面用塑料布捆好，培土保湿。

⑤蘸蜡在枝接中的应用

在枝接过程中，采用"蘸蜡"嫁接，可免去埋土的麻烦，既提高工作效率，又提高嫁接成活率。蘸蜡嫁接的方法如下：将石蜡熔化，当温度达到90℃～95℃时，将接穗迅速放在石蜡中蘸一下，使接穗表面涂抹一层薄薄的蜡膜（图24）。这层蜡膜可以阻止接穗的失水和

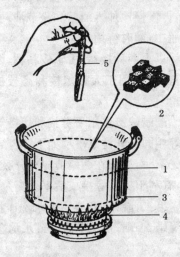

图24　蜡封接穗
1.熔化的石蜡　2.兽油　3.渣
4.火　5.接穗

水分蒸发,保证接穗在嫁接后的短期内不会干枯,从而提高嫁接成活率。

除直接采用石蜡做接蜡外,还可以用松香、蜂蜡和猪油等原料,加工成专用固体接蜡。其配方如下:

第一种,松香4份,蜂蜡2份,猪油1份。

第二种,松香4份,蜂蜡1份,猪油1份。

第三种,松香3份,蜂蜡2份,猪油2份。

加工时,将松香加热熔化后,加入猪油和蜂蜡,搅拌均匀,冷却后即成固体接蜡。使用时,需要加热熔化。

另外,还有液体接蜡,其配方如下:

松香16份,猪油2份,酒精6份,松节油1份。

配制时,先将松香与猪油同时加热,搅拌熔化后予以冷却,再慢慢地加入酒精和松节油,搅拌均匀即可。然后将其盛入瓶中,随时待用。

以上两种接蜡,由于较粘稠,因此可以涂抹接口和接穗顶部剪口,多用于大树嫁接和高枝换头,以及苗圃地的大苗嫁接。

蘸蜡嫁接多用于劈接和切接等,其方法与一般的劈接、切接等相同。其注意事项如下:

第一,接穗在蘸蜡前应充分吸水。这样,使接穗内水分充足,有利于提高嫁接成活率。

第二,蘸蜡前,要用清水洗净接穗上的尘土,沥干水后即可蘸蜡。否则,接穗上有土或水均会影响蜡液在接穗上的附着力。

第三,接蜡加热熔化后,即可用来蘸接穗。接蜡温度不要过高,否则会烫伤接芽。但如果温度过低,则在接穗上的接蜡膜太厚,在嫁接过程中易于脱落。

第四,在浸蘸接蜡时,动作要快,不要使接穗在接蜡液中停留过久,以免烫伤接芽。

(3)枝接注意问题

第一,在嫁接前,要给砧木浇水,使它充分吸水。这是保证嫁接成活的关键。

第二,接穗一定要用一年生枝条,随采随用。也可使用经过冬贮的接穗,但必须保证无病无伤,不失水分。

第三,在嫁接过程中,刀要锋利,动作要快,接穗要削得平而长,使接穗和砧木的接触面尽量地增大,以保证伤口愈合得快,并嫁接牢固。

第四,嫁接时,砧木和接穗的形成层要对齐,以便使嫁接口迅速愈合。

第五,嫁接后要绑紧绑严绑牢。嫁接成活后,当苗长到30厘米后,要及时解开绑缚物。否则,会影响苗木的生长发育。

第六,枝接后,要立即用湿土埋好堆严。接穗在土中萌发后,不可过早地扒开土堆,以免碰伤接口,影响成活率。当苗木长到25～30厘米时,再扒开土堆。

3. 芽　接

凡采用芽体进行嫁接的,都称之为芽接。当砧木苗达到一定粗度后(一般指在离地面5～10厘米处直径达到0.5～0.6厘米时),就可进行芽接。嫁接时期越早,成活率越高,一般以砧木皮发绿、树体离皮时嫁接最好。

(1)接芽准备　芽接用的接穗,应选取生长健壮、无病虫害、位于树冠外围的当年生枝条,芽体要饱满,枝条木质化程度要高。不宜选用徒长枝或细弱枝做接穗。

春季芽接用的接穗,可随用随采,但要在出芽前进行。也可在秋、冬季采集，经冬季沙藏后使用。其贮存方法，与枝接用接穗的冬贮方法相同。

在生长季芽接的接穗，要随采随接。采下后，先除去叶片，保留叶柄，用湿布或湿草帘包好。在嫁接时，最好放入水桶内暂时保存，接一根取一根。不要使它直接暴晒于阳光下。一时用不完的接穗，要用湿布（或草袋）包好，放于阴凉处（如水井、地窖中），或用湿沙埋好，随用随取。

长途运输的接穗，要用湿布或湿草帘包好，再用塑料布包严，但湿布内水分不宜过多，以防水分太多，沤坏幼芽，降低嫁接成活率。

（2）芽接方法及技术

①"丁"字形芽接

嫁接时间：在接穗和砧木都容易离皮时进行。春季芽接在4月上旬至下旬进行，夏季芽接以在6月中旬至7月上旬进行为宜。

操作方法：在接穗的饱满芽上方4～5毫米处，横切一刀深达木质部。再于芽的下方1厘米处斜向上削一刀，深入木质部1/3处，刀口长度超过刀口横宽。再用拇指向一侧轻轻推芽，即可取下完整的芽片。在砧木的阴面距地面10～15厘米处横切一刀，在横刀口中部用刀尖向下方一点或切开一直口，撬开树皮，将削好的芽片推入皮下，使上方的横切口对齐吻合（图25）。嫁接好后，用塑料条绑紧，外面只露芽眼。如果是生长季嫁接，则包扎时外面只露叶柄。

注意事项：

第一，在接芽削好后，用手推芽片时，不要用力过猛或直接推芽，否则会损伤芽轴，形成空心芽，始终不能萌发新芽。

第二，嫁接后，一定要包扎严实，防止失水，影响成活率。

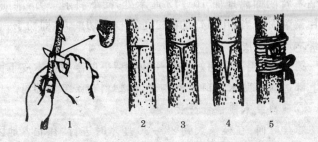

图25 "丁"字形芽接

1. 削芽 2,3. 砧木切口 4. 嵌入接芽 5. 绑缚

②带木质部芽接

　　嫁接时间：当接穗和砧木不易离皮时均可采用带木质部芽接，不受时间的限制，从树液开始流动至座果后和进入7、8月份均可进行。

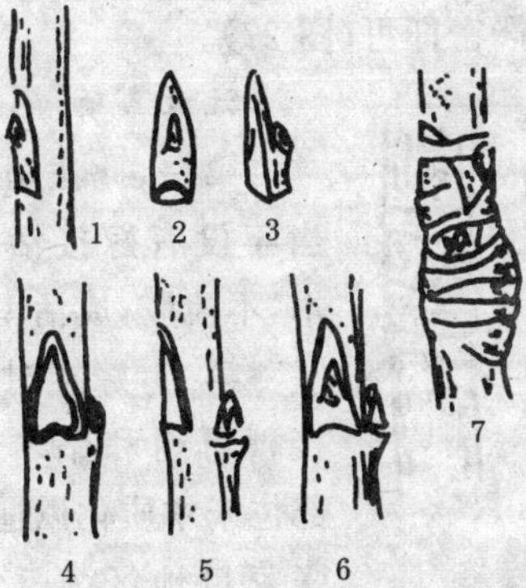

　　操作方法：

　　第一，切削接芽。倒拿接穗，使芽朝下，在芽的上方3～5毫米处向下斜削一刀，刀口深度达芽下1～2毫米，长度以超过芽体1厘米左右为宜；在芽的下方斜削一刀，刀口深至第一刀的削面，即可取下带有木质部的接芽(图26)。

　　第二，切削砧木。

图26 带木质部芽接

1. 芽片切口 2. 芽片正面 3. 芽片侧面 4. 砧木切口 5. 砧木切口侧面 6. 接合状 7. 绑缚状

在砧木背阴面离地面10～15厘米处,向下斜削一刀,削面与芽片长削面相当。在刀口的1/2处再横向切一刀,即切下一小段带木质的砧皮。

第三,嫁接。将削好的芽片插入留下的半截砧木皮下面,使上部边缘与砧木切口对齐吻合,用塑料布条绑紧即可。

③嫩梢带木质部嵌芽接

嫁接时间:在枝条长到25～30厘米时进行。在北方地区,为5月上旬至6月中旬。

嫁接方法:选一生长健壮的枝条,削取接芽。先在枝条中部饱满芽的上方0.5～0.8厘米处,向上斜削一刀,长不超过2厘米。然后,在芽的下方0.8～1.2厘米处,成30°角向下斜切一刀,达到第一刀的底部。取下背面带有一薄层木质部的芽片。砧木第一刀的削法同接穗的第一刀,但切口比芽片稍长,第二刀即削掉张开部分上端的1/3,以有利于插入芽片,露出接芽。然后,用塑料条绑缚严密即可(图27)。

图 27　嫩梢带木质部嵌芽接
1. 削砧木　2. 取芽片
3. 接合状　4. 绑缚

注意事项:

第一,此法适用于当年没有嫁接活的苗木,不流胶,成活率高。

第二,嫁接时期为接穗母树和砧木嫁接部位未木质化以前。在张家口地区为5月中下旬至6月上旬。最好避开雨季,以减少流胶。

第三,接穗应选择尚未木质化的新梢;砧木苗要选择一年牛枝条,当年新梢组织幼嫩且粗度不够时,一般不能嫁接。

第四,嫁接后即可在接口上留一个分枝后剪砧。接芽萌发后,再于接口上约1厘米处剪砧。

第五,嫁接前数日内不可对砧木剪去枝叶,否则伤口易流胶,会降低嫁接成活率。

(3)芽接应注意的问题

①春季芽接前,最好浇一次水,可提高成活率。

②芽接应在晴天烈日当空的中午进行。如果阴天遇雨,则接口易流胶,不易成活。

③杏树的芽接,自4月上旬至10月份均可进行,但以6~7月份芽接成活率最高。在6月份嫁接成活后,即可剪砧。7~8天后接芽萌发,当年可成苗,苗高可达100~150厘米。如果嫁接过晚,当年不易成苗。

④在秋季芽接时,当年一般不剪砧。到第二年春天萌芽后再剪砧。

⑤芽接以一年生至三年生的砧木成活率最高,四年生以上的砧木成活率显著降低。

⑥生长季芽接,15~20天后可确定成活情况。若用手拨动接芽叶柄一触即落,则表示成活;如果叶柄不落,芽体发黑,则说明没有嫁接活,需要补接。

⑦芽接成活后,应在1个月后解缚包扎物。如果解缚过早,会使砧皮翘起,降低嫁接成活率。解缚过晚,则影响芽体发育,甚至形成僵芽。秋季嫁接的苗木,当年可不解缚,到次年春天再行解缚。

4. 嫁接苗的管理

(1)除萌 苗木嫁接后,要及时抹除砧木上的萌蘖芽,以保证接芽的正常生长和发育。在枝接中，接穗上也会长出几个新梢，应保留一个生长健壮、位置较低、方向较好的新梢，而将其余的全部抹除。

（2）**剪砧**　秋季和夏季嫁接的芽子，在第二年春季萌芽前，于接芽上方1厘米处剪去砧木，以利于接芽萌发。剪砧时，不要留桩过长，否则会使苗芽弯曲生长，影响苗木质量。但留桩过短，有时会伤及接芽，而且在春天风大的地区，还易抽干接芽。

（3）**支缚与培土**　嫁接成活的苗木，在剪砧后接芽生长迅速，接口在短时间内愈合不牢固，容易被风吹折。因此，在苗木长到15～20厘米时，必须用木棍支撑。可用一小木棍插在苗子旁边，用细绳将苗木轻缚在木棍上，可有效地防止接穗被风吹折。

（4）**肥水管理**　对芽接成活的苗木，在接芽出土前，不要浇水，防止土壤板结，影响苗木成活。当接芽出土后，要及时浇水，以保证嫁接苗顺利生长。接芽（穗）萌发生长后，要结合浇水追施氮肥，一般每667平方米苗圃地施用尿素50～100千克，促其前期迅速生长，加速苗木增高和增粗。在生长后期，即七八月份以后，要喷施磷、钾肥，促进苗木木质化。其浓度为：磷酸二氢钾0.2%～0.3%，过磷酸钙浸出液0.3%～0.5%，草木灰浸出液3%～8%。进入9月份后，要控制苗圃地浇水，使苗圃地土壤适当干旱，以防止苗木贪青徒长，有利于苗木成熟老化。

（5）**及时防治病虫害**　春天接芽（穗）萌发后，刚刚发育的新梢极易遭受金龟子、梨星毛虫、卷叶虫等食叶害虫的危害。因此，当幼苗萌发后，可用已发芽的杨、柳树枝遮盖，阻止各种食叶、食芽害虫危害，同时在地面撒施毒土，以毒杀出土害虫。

在夏季,当红蜘蛛、蚜虫及各种毛虫对苗木造成危害时,要及时进行防治,并且要防治苗期病害。具体防治措施,可参考病虫害防治部分。

(三)苗木的出圃与分级

1. 苗木出圃

在苗圃地中,从苗木嫁接后到秋天,接芽(或接穗)未萌发的苗木,称半成品苗;而经过一个生长季,接芽(或接穗)萌发出品种新梢的苗木,叫成品苗。无论是成品苗还是半成品苗,在秋季落叶后或第二年春季萌芽前均可出圃,进行栽植建园。

(1)起苗时期 在秋季落叶后至土壤结冻以前,或第二年春季土壤解冻后至苗木萌芽前,均可起苗。在冬季气候寒冷多大风的地区,宜在秋季苗木落叶后、土壤结冻前挖苗出土,实行冬藏。如果冬季不十分寒冷,刮风小而少,在苗圃地内越冬不会发生抽条、冻害、旱害及其他危害的情况下,可以在春季土壤解冻后、苗木萌芽前出圃。

(2)起苗 起苗前,如果苗圃地过于干旱,应先灌一次透水,2～3天后再起苗,以免土壤干旱,造成伤根太多,影响苗木质量。同时,切忌生拉硬拽,造成大量伤根,降低苗木质量。

(3)起苗注意事项

第一,在起苗前,一定要使苗圃地保持湿润,这样才有利于保护苗木根系和便于作业。

第二,起苗时要避免碰伤地上部的枝条,动作要快而稳。

第三,要重点保护半成品苗的接芽和成品苗的接口,不要碰伤或擦伤接芽,防止接穗自接口劈裂。

第四,要尽量地少伤大根,多保留须根。

第五,起苗后,对苗木根系要及时覆土,防止根系直接暴露在阳光下,避免风吹日晒。苗木全部起出后,或在一天完工前,要将苗木运往贮存地点。也可以一边起苗,一边在苗圃地开沟埋根。

2. 苗木分级

起苗后,要进行分级,以保证苗木质量。鲜食杏苗木一般分为三级,具体标准如表7所示。

表7　鲜食杏苗木分级标准

项　　目		等　　　　　级		
		一级	二级	三级
根系	主侧根数	4条以上	3条以上	2条以下
	侧根长度	20厘米以上	15~20厘米	15厘米以下
	侧根基部粗度	0.3厘米以上	0.1厘米以上	
	根系分布情况	均　匀	基本均匀	
茎干	高度(接口到顶部)	大于100厘米	60~100厘米	60厘米以下
	粗度(接口以上10厘米处)	大于1厘米	0.5~1厘米	0.5厘米以下
	颜　色	正　常	正　常	正　常
	整形带内饱满数	5个以上	5个以上	5个以上
其他	接口愈合情况	愈合良好	愈合良好	愈合较好
	砧桩处理	低	低	低
	苗木机械损伤	无	无	少
	检疫对象	无	无	无
	病虫害	无	无	无

(据河北省林业厅资料整理)

对不合格的苗木,可于第二年春移栽在别处,进行培养。

出圃苗木,经过严格分级后,对不同品种、不同级别的苗木,分别系牢标签,以免在运输过程中造成混杂。

3. 苗木假植

秋季起出的苗木,必须在土壤结冻前进行贮藏或假植。假植的具体方法为:选避风、高燥、平坦、排水良好和离苗圃地较近的地方,挖假植沟。沟宽1~1.5米,深60~100厘米,以苗木根系埋植深度超过冻土层为宜。沟的长度依贮苗量而定。在沟内先铺一层河沙,10~15厘米厚。河沙的湿度以手握能成团,但不滴水为宜。然后将苗木成45°角倾斜放入沟中,根部用湿沙埋压至干高的2/3处。要一层苗一层沙,沙与苗根要密切接触,每层苗不要过厚,苗间要用湿沙填满,然后再在苗上培土盖严(图28)。

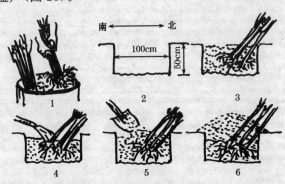

图28 苗木假植

1. 苗浸水　2. 假植坑　3. 放苗填土　4. 浇水
5. 填土封埋　6. 高封土

4. 苗木运输

作为外调的苗木,起苗后要按50株或100株为一捆,将苗木捆紧。在根部、中部和梢部多扎几匝,并将根部蘸上泥浆,再用吸足水的麻袋、草袋或蒲包包严、扎紧。根系要保持一定湿度。在运输途中,应该用苫布把苗木遮盖严密,以免吹干根部,影响栽植成活率。同时要经常检查苗木,发现干燥时要及时喷水保湿。

苗木要经过检疫部门检疫后,方可外调,以免带出检疫对象,造成危险性病虫害传播。

七、优质丰产栽培技术

（一）园地选择

杏树是一种经济效益高、结果早的果树。由于其适应性强，一般只要气候条件适宜，就可以栽植。所以我国北方广大缓坡地、丘陵山地和荒山荒坡，均可以种植杏树。但是，在选择园地时，也要考虑地势和土壤等条件是否适宜。

1. 地 势

（1）平地 平地杏园的气候变化较缓和，水分流失少，一般树体高大，树叶茂密繁盛，产量高。其中：平地中的缓坡地和河滩地，排水、通气良好，有利于杏树的生长，是发展鲜食杏、加工杏的好地方。平地中的低洼地，土壤易积水，通气不良，也易造成冷空气沉积，杏树易遭受晚霜低温冻害，产量不稳，果实品质也差。

（2）山地 山地杏园的气候与土壤分布情况呈现垂直变化，在通风、日照和排水等方面比平地好。中低山和丘陵是建立杏园的好地方，但必须注意坡向和坡度。一般在 5°～20°的缓坡与斜坡地带，是发展杏树的好地段，但坡度大，水土易流失，土层薄且易干旱。南坡比北坡暖和，春天升温快，日照充足，物候期开始得早，果实着色好，成熟早，品质也好。山地建园应避开风口和山坡中的凹地与谷地，因为这些地方春天易于积聚冷空气，使杏树花期遭受晚霜危害。

2. 土　壤

土壤性质对杏树的生长和结果有很大的影响。

(1)砂壤土　通气排水良好,有利于根系的生长与扩展。

(2)粘重土地　通气不良,根系生长受到限制,对树体的生长和结果不利。

(3)砂石过多　保水保肥性差,土壤瘠薄,对植株地上地下部分的生长均不利。这类土壤必须改良后才可建园。

3. 其　他

栽培杏树要避免"重茬"。在栽过桃树的土地上再种植杏树也会有再植病发生,使树体变小,出现枝短叶小,根系发育不正常,细根和吸收根少,根的颜色发黑,寿命缩短。因此建立杏树园应避开老桃园和老杏园迹地。如果一定要在其上建园,则必须深翻土地,清除残根,增施有机肥料,并进行土壤消毒。

(二)品种选择

建立鲜食杏园,应根据当地销售的需要情况,选择既适合于当地自然条件,又有较高经济效益的优良品种。具体选择原则如下:

1. 从生产目的出发

发展和建立杏园,必须从实际情况出发,区别不同情况,确定明确的生产目的。然后,从生产目的出发,进行品种选择和栽培管理等生产活动。

第一,在城近郊及工矿区附近建园,由于交通方便,距市场较近,生产的目的主要是为了供应鲜食果品。因而应选择果实个大,色泽鲜艳,汁多味浓的鲜食品种,同时,搭配好不同成熟期的品种。早熟品种必须占有一定比例。

第二,在交通不便的地区及浅山丘陵区、沙荒地建园时,则应以鲜食、加工兼用杏为主,选择个大,果形整齐,含糖量高,果汁少的黄肉杏,如陕西的荷包杏、怀来的石片黄、山东的红金榛杏、河南的仰韶黄杏、邢台的串枝红杏、辽西的大红杏等。

第三,在深远山区及交通不便的荒山、荒坡建园,应先用仁、肉兼用品种。因为该地区土壤干旱、瘠薄,管理粗放,不宜大量发展纯鲜食杏品种,而以发展优良的仁用杏品种为主,如龙王帽、一窝蜂、北山大扁和柏玉扁等。

2. 选用适应性强的品种

杏树中有许多优良地方品种。所谓"优良品种",是指在原产地的土壤、气候环境条件下,生长、结果良好,到另一栽培地,仍能保持原有的性状和特征。这种品种可以引种。而有些品种,在原产地表现优越,而到了异地,则失去了原有的性状特征,果个变小,风味由甜变酸,树势变弱等症状,花期易遭受冻害等。这种品种不能引种。因此,新建杏园时,应选择适应性强,并且经过引种试验、示范获得成功的品种,再加以推广。

3. 考虑销售市场及运输条件

由于杏果既不能长久存放,又不能长途运输,在杏果成熟期销售和运输必须做到及时,因此,在距离市场或销售点远的地方建园,应选用肉厚、肉硬、皮厚、耐贮运的品种。

（三）配置授粉树

杏树属两性花树，雌雄同花，并且雌蕊和雄蕊能够同时成熟，可进行自花授粉。但大多数鲜食杏属于自花不孕，自交结实率极低，甚至不结果。因此，为了获得高产和稳产，在建园时必须配置授粉树。

1. 授粉树品种应符合的要求

第一，授粉品种与主栽品种应同时开花或几乎同时开花。

第二，授粉品种能产生大量的、发芽率高的花粉。

第三，授粉品种与主栽品种应能同时进入结果期，而且寿命年限相差不多。

第四，授粉品种与主栽品种没有杂交不孕现象，而且都能产生经济价值较高的果实。

第五，授粉树品种必须适应当地的环境条件，而且长势良好。

2. 授粉树的配置

第一，鲜食杏授粉树与主栽品种的距离不能超过 50 米，距离越近，授粉效果越好。

第二，授粉树与主栽品种的配置应该相适应（表 8），其配置比例以 1：3～4 为好，即每栽 1 行授粉品种，应栽 3～4 行主栽品种，在山地或多风地区，可隔株栽植。

表8 几个主栽品种与适宜的授粉品种

主栽品种	适宜的授粉树品种	主栽品种	适宜的授粉树品种
骆驼黄杏	串枝红杏、山黄杏	密陀罗	串枝红杏、杨继元杏
红玉杏	骆驼黄杏、曹杏	果 杏	红荷包、红玉杏
杨继元杏	骆驼黄杏、密陀罗、山黄杏	凯特杏	串枝红杏、山黄杏、骆驼黄杏
山黄杏	串枝红杏、杨继元杏	金太阳	寿杏、红荷包、金杏
串枝红杏	山黄杏、杨继元杏、密陀罗、骆驼黄杏	红丰杏	串枝红杏、山黄杏

第三,可采用隔行栽植方式,也可采用隔株栽植方式。但平时最好采用隔行栽植,以便采收和管理。山地可采用隔株栽植(图29)。

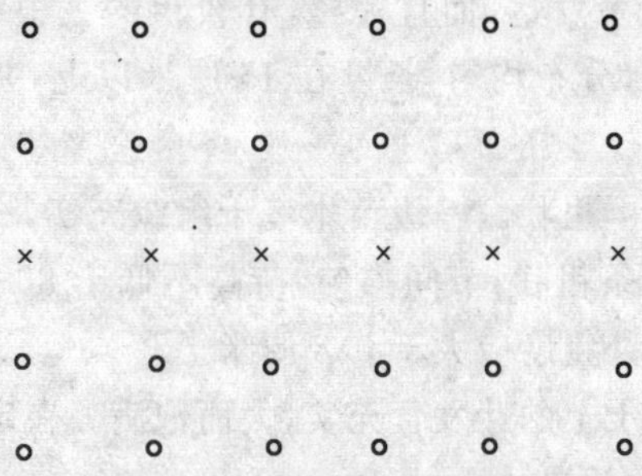

图29 主栽品种与授粉品种配置图
○代表主栽品种 ×代表授粉品种

第四,在同一杏园中,如果几个主栽品种树之间有良好的杂交亲和性,则可以互为授粉树,因而在同一杏园中可以等量栽植。

第五,在同一杏园中,栽植品种不宜过多,一般以3～5个品种为宜。品种过多,成熟期及品种特性不一致,不便管理。

(四)苗木准备

俗话说:"发展杏树没有苗,等于过河没有桥。"这充分说明苗木在鲜食杏发展中的重要性。实践证明,依靠长途或外地调运苗木发展,其成活率往往不如当地培育的苗木好。因此,在规划以后,最好是根据栽植面积、需苗数量和搭配品种等情况,自己育苗,解决所需苗木问题。

在苗木出圃时,必须根据品种进行分级,做到品种准确,等级一致。鲜食杏苗木应达到的标准如下:

第一,出圃苗木要品种纯正,生长健壮,枝干符合要求标准,无病虫害。

第二,根系发达,而且完整,有较粗的主根和 3~4 条侧根,生长良好,分布均匀,长度在 15 厘米以上,并且有较多的须根。

第三,茎干粗壮。一级苗木茎干组织充实,一年生枝皮色深而光亮,枝条粗壮,节间均匀,苗高不低于 80 厘米,在接口以上 10 厘米处粗度应大于 0.8 厘米。

第四,茎干上的芽发育充实,大而饱满。在定植后缓苗期短,发芽早,生长快。

第五,接口愈合良好。

达到以上标准的苗木,即为合格苗木,可以出圃。苗木在出圃调运时,根系应蘸泥浆,以保持湿润,防止干燥。在栽植或贮藏时,根系应与土壤密切接触,以提高成活率。

泥浆的配制方法为:用 3 份粘土,2 份腐熟牲畜粪,5 份水,和成糊状,即可使用。泥浆调好后,把苗木根部浸入泥浆,使根部均匀蘸挂一层泥浆即可。

(五)苗木假植与贮藏

苗木出圃后,要及时假植。苗木假植分为临时假植和越冬假植(即贮藏)。

1. 临时假植

秋天苗木起出后到秋栽前,将苗木临时贮藏,其方法很简单,只要用湿土埋住苗木根部即可。

2. 越冬贮藏

这是秋季出圃、春天栽植的苗木的保存方法。其贮藏要求严格,一般采用沟藏方式进行。即在背风、干燥、蔽阴处,沿南北方向挖一条贮藏沟,沟宽 1.5～2 米,沟深 80～100 厘米,长度依贮苗量而定。然后在底部铺 5～10 厘米厚一层河沙。河沙湿度以手握能成团,松开一触即散为宜。接着在沟的一端,将苗木根朝下、头朝上地倾斜放置。每放一层苗,即在根部培一层湿沙,最后再在苗木上培湿河沙,将苗埋严。以防止苗木抽干或受冻。埋土最好分 2～3 次进行,最后加培 30～40 厘米厚的沙土。

必须注意的是,苗与沙一定要相间放置,使沙尽量渗透到苗木间隙中,使苗木充分与河沙接触,保证苗木贮藏质量(图30)。

(六)栽植时间

春、秋两季均为鲜食杏栽植的最佳季节。春栽,一般在土

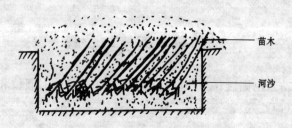

苗木

河沙

图30 苗木贮藏示意图

壤解冻后至萌芽前进行。"三北"地区一般为3～4月份。秋栽多在落叶以后至土地结冻以前进行，一般为10～11月份。

在北方寒冷地区，果农习惯于春栽鲜食杏。由于北方冬季寒冷，干旱多风，苗木栽植后容易抽条或受冻。而春栽，苗木则可以随着气温和地温的回升，很快进入生长季节，缓苗期短，有利于成活和生长。

但是，秋栽苗木比春栽效果好。因为秋季栽植后，如果温度、湿度适宜，苗木的根系在土壤中即可使伤口愈合，得到充分的恢复。到翌年春天杏树根系很快生长，成活率高，地上部分长得快。同时，秋栽还有利于劳力的安排。但是，在秋冬寒冷地区，栽后宜将苗木按倒埋入土中，以防止苗木遭受冻害或风干。

(七)合理密植

在单位面积内增加有效株数，是提高杏树产量，实现早期丰产的重要措施。鲜食杏的栽植密度要根据杏树品种的生长特性、自然条件、土壤肥力和管理水平等综合条件来确定。

在沙荒地、山坡地及丘陵干旱地，土壤干旱瘠薄，树体生长量小，树体发育慢，栽植密度可大些，一般为2米×3米或2

米×4米。但在栽培技术、管理水平较高的情况下,可以考虑适当合理密植,以充分利用土地和光能,增加单位面积产量,达到早产、丰产、增效的目的。一般株行距为:2～3米×3～5米。

在土层深厚、疏松、肥沃,地势开阔,又有良好肥水条件的地区,树体生长量大,单株发育比较茂盛,株间和行间易于早期郁闭,可适当稀植。定植时,株行距以4～5米×5～6米为宜。

(八)栽植方式

鲜食杏的栽植方式,应根据地形、地势及地块形状而定。常用的有以下几种栽植方式:

1. 长方形栽植

行距大于株距,该形式树体通风、透光好,便于田间管理和机械化作业,是生产上普遍采用的一种方式。

2. 正方形栽植

行距和株距相同,该方式光照好,便于管理,但不适合于密植。

3. 三角形栽植

株距大于行距、定植穴相互错开成等边三角形。这种方式多用于双行带状,以增加单位面积上的株数,但不便于机械化管理和田间操作。

以上三种栽植方式如图31所示。

4. 等高栽植

山地建园常采用这种方式。多用于梯田或等高撩壕,株行距不强调一致,可按梯田或撩壕的宽窄来进行。但株距按设计要求可以在同一行上(即等高线上),行距则应按梯田面宽度进行增减。

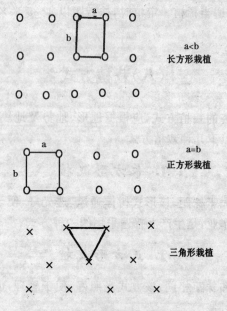

a<b
长方形栽植

a=b
正方形栽植

三角形栽植

图 31 不同栽植形式示意图

（九）栽植前的准备工作

1. 定 点

在栽植前，必须按规划设计的株行距进行测量和定点，以使园地内横竖成行，栽植规范。

2. 挖定植穴

按测量好的定植点挖定植穴。为了实现纵横成行，应以定植点为中心，挖成方穴，穴的大小以长×宽×深＝1 米×1 米×0.8 米，挖出的表土与底土，应分开放置，并将石块全部拣出。定植穴可以提前挖好。如春栽的可秋挖，秋栽的可夏挖，以便使底层土壤能够充分熟化，有利于根系生长。

3. 回 填

将准备好、切碎的秸秆填入最底层，厚度为 20～30 厘米。然后，填入一层表土。再将腐熟的堆肥和厩肥与表土混合后再填入、踏实并灌足水，使土壤下沉。水下渗后，再覆一层土至地平面，将底土修整成树盘。

回填时应注意，每穴施土粪 50～100 千克，以增加穴内土壤的肥力。

4. 苗木准备

就地栽植的苗木，最好随时栽植随时起苗，并修剪起苗时折断的根，以利于根系愈合，恢复生长。从外地调运的苗木，因为经过长途运输或冬贮失水，栽前必须在清水中浸泡 12～24

小时,使根系吸足水分,并进行根系修剪后再栽植。

(十)"六个一"栽植技术

在生产实践中,采用"六个一"栽植法,可明显地提高苗木栽植成活率,并且使苗木生长健壮,早进入结果期,有利于实现优质丰产。具体做法如下:

1. 开一条大沟或挖一个大坑

栽植前,要给每棵杏树开一条大沟或挖一个大坑。经过深耕、平地、改土以后,按规划株行距开沟挖穴。开大沟或挖大穴,对幼树的生长、发育和果实丰产有促进作用。在开沟、挖坑时可将表土、底土分别堆放,以便将表土掺肥后回填坑底。

2. 施一担有机肥

挖好沟或穴以后,必须施有机肥,沟(穴)底层填入农作物秸秆、杂草、树叶等有机物。平均每棵杏树要施入有机肥一担以上,每667平方米用量为3 000~4 000千克。分2~3层施入,每层厚10厘米左右。施时要灌入人粪尿或碳铵,以促使有机物腐烂、分解和转化。在两层有机物之间填土5~8厘米厚。然后每穴用50千克腐熟的有机物掺1千克过磷酸钙,与土壤混合后再回填入沟(穴)内,上边再填表土,直至离地面20~25厘米为止。要随填土随踩实,并灌大水渗透全部沟(穴)内填物,使土壤沉实,以免漏风跑墒,影响所栽苗木的成活率。坑中央可堆土成圆锥形,以备栽苗时使根系向四周舒展。

3. 栽一株大苗

每穴要栽一株大苗木。苗木粗壮,芽眼饱满,栽植后可以早结果,早丰产。在定植前,应将苗木按根系大小、侧根多少、苗木粗度、芽体饱满程度进行分级,同一级苗木栽在同一行内或同一地块内,以便于统一管理。

栽大苗要在休眠期进行。栽后要踏实,使根系与土壤密切结合。苗木栽植深度以其接口处略高于地面为宜。

4. 浇一担水

苗木栽植后,要立即修整树碗,并在树碗中浇水。平均要给每株杏苗浇一担或更多的水,将根部范围浇透,以保持土壤的湿润,促进所栽杏苗的成活。浇水有条件的地方,可沿定植沟浇水,使水浇透浇实,然后再封树盘。

5. 封一个土堆

待水渗入地下后,立即在树苗基部堆一个高 20～30 厘米的土堆。这样做,一是可以防止树苗被风吹动,二是可以保持根系周围土壤的湿度。

6. 盖一块地膜

在土堆上覆盖一块 1 米见方的地膜,以保持土壤墒情和提高根系部位的地温,提高苗木成活率。

采用"六个一"栽植法,可以提高苗木栽植成活率,使果园整齐一致,有利于"以果压冠",经济利用土地,显著提高栽培效益。

（十一）提高栽植成活率技术

为了提高鲜食杏苗的栽植成活率，可采用以下技术措施：

第一，选好苗木。要严格进行苗木分级，剔除病虫伤苗和等外苗，选择根系发达、生长正常、须根较多、茎干粗壮和芽眼完整、饱满的苗木。

第二，修剪根系。将苗木的过长根、劈裂根及受损伤的根、烂根剪除，露出新茬。

第三，栽前浸水。浸水必须在 12 小时以上，使苗木充分吸水，以利于苗木的萌发和生根。

第四，进行药物处理。苗木浸足水后，可将苗木根系浸入一定浓度的植物生长调节剂类的药物溶液中处理，提高苗木愈合生根和抗旱的能力，使用方法如表 9 所示。

表 9　苗木栽植时药物处理方法

药物或磷肥	浓度范围	处理部位	处理方法
ABT 生根粉 3 号	500～1000ppm	根　部	浸根 0.5～1 小时，取出栽植
萘乙酸	10～20ppm	根　部	浸根 12～24 小时，取出栽植
吲哚丁酸	10～20ppm	根　部	浸根 12～24 小时，取出栽植
高分子吸水剂	200～300 倍	根　部	浸根 5～10 分钟，取出栽植
阿斯匹林	100ppm	根　部	浸根 2～3 小时，取出栽植
磷酸二氢钾	5%～10%溶液	根　部	浸根 12～24 小时，取出栽植
过磷酸钙	10%～20%浸出液	根　部	浸根 12～24 小时，取出栽植

第五,蘸泥栽植。将进行过药物处理的苗木蘸上泥浆,立即栽植。

第六,闹水栽植。将苗木放入定植穴内,随埋土随浇水,并搅成泥糊状,使苗木根系与泥水紧密接触,然后扶正苗木,培土封坑。栽后踏实。

第七,换土栽植。如果定植穴内的土壤较干时,可用附近湿度较大的土栽植,以保持定植穴内土壤湿度。

第八,栽后培土。对已栽好的苗木,要在基部培一土堆,以防春季刮风时,摇动幼苗,使苗木根系失水而死亡。秋栽的苗木,栽后要立即压倒培土防寒,防止苗木抽条,待春季苗木萌芽时再扒出。在春季风大、干旱地区,苗木定植后也可压倒培土,当其他苗木萌芽后再扒出。

第九,栽后盖地膜。苗木定植后,浇一次水,用一块1米见方的塑料薄膜覆盖在定植穴上,四周用土压严,可保持定植穴内水分,同时使土温升高加快,有利于苗木生根。

(十二)壮苗技术

1. 覆盖地膜

用地膜覆盖新植幼树树盘,是增加地温、提高成活率、保证苗木正常生长的有效措施。覆盖地膜后,可提高地温5℃左右,保持土壤湿度和土壤疏松度,为幼树根系生长创造良好的条件。具体做法为:将地膜栽成1米见方的小块,以树干为中心,铺在漏斗形树盘内,紧贴地面,四周用土压严,以防大风吹起。为了防止长时间日晒,可在地膜上覆一层土,必要时可在近树干处周围戳几个小孔,以利于渗下雨水和散放热气。

2. 定　干

苗木定植后，要及时定干。即剪去上部多余部分，定干高度为60～80厘米。并用油漆涂抹定干剪口，以防止幼树体内水分损失。早定干可以减少苗木水分的消耗，有利于苗木成活和生长。剪口处的芽应留壮芽，芽上留桩1厘米左右，以防损失水分，抽干剪口顶芽。

3. 抹芽与整形

定干后，苗干上的饱满芽多数能萌发，但生长旺盛、形成长枝的只有剪口下的3～4个芽。其余的生长量较小，用于整形的只是几个旺枝。因此，应及早抹除苗干下部的芽及砧木上的萌蘖，以利于苗木的生长。

4. 浇水与追肥

苗木栽后1周左右，应扒开苗木周围土堆，浇一次缓苗水，水量不宜过多。浇水后再将土堆培好，以保持根系周围的湿度。这样浇水1～2次，就可保证成活。这是干旱地区保证成活率的关键措施。但水源充足的杏园，浇水次数及浇水量不宜过多。以免土壤湿度大，地温过低，通透性差，不利于新根发生，影响成活率。

苗木成活后，要加强前期的肥水管理。这是培养壮苗的关键措施之一，应掌握前促后控的措施。前期以速效氮肥为主，在6月中旬和7月上旬各追一次尿素，每株用量分别为0.10千克和0.15千克。到7月底，每株追施磷酸二氢钾0.15千克。进入8～9月份，每隔10～15天，对叶面喷布0.2%磷酸二氢钾溶液一次。

幼树秋季停长较晚,有贪青生长现象。因此,后期除多追施磷、钾肥外,要少浇水,多中耕松土。到 9 月下旬,应结合施有机肥,进行扩穴。施有机肥的数量,为每株 25~50 千克,扩穴宽度为离树 40~50 厘米,深度为 50~60 厘米。

为促进幼树生长,还可进行叶面喷肥。主要喷施硼、锌、锰等微量元素的肥液。硼能促进根系生长,锰能提高新梢和根的生长量,锌和铜能增加叶绿素含量,增强光合作用。其使用浓度分别为:硼砂液 0.1%,硫酸锌液 0.05%,硫酸锰液 0.1%,硫酸镁液 0.05%。

5. 防治害虫

栽植当年,常见的害虫有金龟子、蚜虫、卷叶虫和天幕毛虫等,主要危害新梢和顶芽,使苗木生长受到影响。因此,必须做到早发现,早防治,及时控制害虫的危害。

(十三)提高鲜食杏树座果率的技术措施

鲜食杏普遍存在满树花、半树果的现象,这是妨碍提高杏果产量的主要问题。造成杏座果率低的主要原因有:①部分鲜食杏树自花结实力低,授粉树配置不合理或没有授粉树,尤其是高接换头的园地更为突出。②幼树花芽退化严重,不完全花率增多。③花期遭受低温晚霜危害,花器受冻,授粉受精不良。④采后缺乏管理,树体衰弱,花芽分化不良,贮备营养不足。⑤病虫危害严重。

根据上述存在问题,为了提高杏树的座果率,应着手抓好以下几个方面:

1. 推迟花期，避开晚霜

推迟花期，避开晚霜和倒春寒天气的危害。具体措施为：

①于上年秋季喷布 50～100 ppm 的赤霉素，推迟落叶时间，积累养分。这样可使第二年春季花期推迟 8～10 天。

②在春季花芽膨大期，喷布 500～2 000 ppm 的青鲜素(MH)，可推迟花期 4～6 天。

③配合实施早春灌水、枝干涂白等综合措施。

2. 人工辅助授粉

在授粉树栽植数量不够或授粉树搭配不合理的园地，应采用人工辅助授粉，可明显提高座果率。楚雄等 1988～1989 年在河北省涿鹿县卧佛寺林场进行了人工点授和喷布花粉液试验，其结果比自然座果率提高 1 126.4％和 647.73％。

人工授粉方法如下：

(1)采集花粉 在授粉品种花朵含苞待放或初花时，采下花朵或花蕾，剥下花药，除去花瓣、花丝及花梗等杂物，放在室温下自然干燥，或放于温箱中或 25℃～30℃ 的土炕上干燥。经过一昼夜后，花药爆开，放出黄色花粉。然后筛去花粉壳，收取纯净的花粉。

(2)授 粉

①**人工点授** 用毛笔或橡皮头蘸取采集到的纯花粉，或用与 2～3 倍滑石粉或淀粉与花粉的混合物，点授到刚刚开放的花朵柱头上。每朵花点授 1～2 次，开花量少的树，争取每朵花均授粉。此法适用于幼龄杏树和密植栽培的杏树。

②**喷粉** 将采集到的花粉与滑石粉或淀粉，按 1：80～100 的比例配合混匀，在全树花朵开放到 60％～70％以上时，

用喷粉器进行喷粉授粉。此法适用于大面积生产。

③液体授粉　将采集的花粉混合到(白)糖、尿(素)溶液中,制成糖尿花粉液,用喷雾器喷布。糖尿花粉液的配方为:水12.5升,白糖(砂糖)25克,尿素25克,花粉25克,硼酸25克,加豆浆少许(展着剂)。先将糖溶解于少量水中,制成糖溶液,同时加入尿素25克,制成糖尿液,将干燥花粉25克加入少许水中,搅拌均匀,用纱布过滤,倒入已配好的糖尿液中,再按比例加足水,即制成糖尿花粉液。为了增加花粉活力,提高花粉发芽率,在喷布前加入硼酸25克,配好即可喷布。糖尿花粉液不可长放或过夜,要边用边配。每株结果树喷布量为1.5～2.5千克。一般要在全树花朵开放60%左右时喷布为好,并要喷布均匀周到。此法是目前生产上大力推广的授粉方法。因为花期喷布糖尿花粉液,不仅达到授粉的目的,还可以补充氮肥、硼肥和糖类等营养物质,是一举两得的好方法。

人工辅助授粉宜在盛花期进行。由于杏花期较短,在授粉前应做好准备。杏花梗较脆弱,易折断,授粉时注意不要碰伤。

3. 花期喷水

对分布于干旱丘陵山区的杏园,春天较干旱,并且在花期有大风,杏花柱头因易被风吹干而失去授粉受精能力,降低座果率。试验证明,花期喷水,可提高座果率和产量。楚雄等1988～1989年在河北省涿鹿县卧佛寺林场,进行花期喷水试验,结果提高座果率107%～137%,两年平均增产率为105.38%。调查表明,花前1周和盛花期喷水,均可提高杏树的座果率,但以盛花期喷水为好。这是由于在盛花期喷水,增加了环境湿度及花粉和柱头的接触机会,创造了授粉受精条件,使花粉迅速萌发。

4. 花期喷施含硼和含氮营养液

杏花期喷硼和喷氮,可补充树体营养,促使开花整齐,提高座果率和产量。据楚雄(1988～1989)调查,表明不论在盛花期,还是在花前1周,喷布硼砂或尿素溶液,均可提高座果率(表10),但以花前1周为好。因为花前喷布的硼和氮,通过树体转化,增强了树体的抗逆性和花器的授粉能力。同时花期喷肥,还可直接供给花器吸收利用。

5. 幼果期喷肥

幼果膨大期给树体根外追肥,喷施0.3%～0.5%的尿素或0.3%磷酸二氢钾,补充树体营养,减少枝条和幼果间的养分竞争,可有效地减少生理落果。

6. 强旺枝环剥

对强旺枝,于花后15～20天进行主干或主枝环剥或环割,可有效地截留树体上部向下运输的养分,提高座果率。环剥或环割的时间,应安排在6月上旬以前,否则易于流胶。环割深度以割透皮层达到韧皮部即可。一般来说,环剥宽度大约为树枝直径的1/10。随着枝条增粗,皮层加厚,环剥口可适当放宽。

7. 喷施生长调节剂

杏树座果后,在5月下旬至6月上旬,正值新梢旺盛生长期,叶面喷施3 000 ppm B9或1 000 ppm 矮壮素,可显著地抑制新梢生长,促使花芽分化,提高第二年的座果率。

表10 不同时期喷布矿质元素对座果率的影响
（1988～1989）

处理	花前一周				盛花期				前者座果率比后者提高（%）	平均单产（千克）	增产率（%）
	花朵数（朵）	果数（个）	座果率（%）	比对照提高（%）	花朵数（朵）	果数（个）	座果率（%）	比对照提高（%）			
0.2%尿素＋0.2%硼砂	563	95	16.87	457	651	97	14.79	400	＋2.08	76.17	37.54
0.2%尿素	641	60	9.36	254	732	56	7.54	204	＋1.82	53.84	11.76
0.2%硼砂	728	84	11.58	314	824	90	10.87	294	＋0.71	67.87	29.37
水	658	26	3.95	107	718	30	5.08	137	－1.13	50.11	5.32
自然情况	352	13	3.69	100	324	12	3.70	100	－0.01	47.55	

8. 采果后追肥

果实采收后(7月中下旬),立即追施速效化肥一次,用量为尿素 0.3～2 千克/株,或碳酸氢铵 0.6～5 千克/株。追肥后,如无降水要立即浇水。到 9 月上中旬,施入有机肥及过磷酸钙 1～2 千克/株,碳酸氢铵 3～5 千克/株,这样可有效地增强树势,提高花芽的质量和数量,增加树体营养。

9. 加强病虫害防治

合理使用药剂,加强病虫害防治。危害杏树的病虫害,主要有杏仁蜂、杏球坚蚧、红颈天牛、金龟子、蚜虫和杏疔病等。防治时要采用综合防治措施。发芽前可喷布 3～5 波美度石硫合剂溶液,花后喷布 50％的甲胺磷 1500 倍液,或 40％的水胺硫磷 1 000～1 500 倍液,或 20％三氯杀螨醇 800～1 000 倍液。在果实采收后,要加强后期病虫害的防治,保护好叶片。

在鲜食杏用药上,要禁止使用敌百虫、敌敌畏、乐果、氧化乐果、波尔多液,否则会造成药害,引起落果和落叶,造成减产。

(十四)预防花期冻害技术

东北、华北和西北地区的广大杏产区,杏树花期正是气温变化比较剧烈的季节,常有寒流或大风降温的天气,形成晚霜,对杏树的花芽、花朵和幼果造成极大危害,导致杏的减产,甚至绝收。这也是造成杏低产和产量不稳定的主要原因。因此,解决杏树花期霜冻,避免或躲过晚霜及大风危害,是目前杏产区的主要问题。

1. 引起杏树冻害的温度

杏树虽然耐寒性能强,但花期和幼果期易遭受晚霜低温伤害,造成冻花冻果,导致杏树减产或产量不稳。杏树花果受冻的临界温度因不同物候期而不同:初花期为$-3.9℃$,盛花期为$-2.2℃$,座果期为$-0.6℃$。当低于此温度时,则花果易受冻害。由此可见,从花芽萌动到发育成幼果的每一阶段内,杏树对低温的忍受力不同。花芽萌动期抵抗能力较强;其次为盛花期;子房膨大和幼果期最弱。

花期冻害,会使花果细胞受冻,原生质细胞脱水死亡,花瓣变色萎蔫,子房变褐而脱落。

花果受冻害程度与低温的强度和持续时间有关。一般低温强度越大,持续时间越长,则冻害越严重。

2. 防止霜冻的常用措施

防止杏园霜冻,在园地规划建立时,要在高燥通风处建园,同时选用抗寒品种和晚花品种。还可在栽培中采用一些其他技术措施,避免和减轻霜害程度。

(1)熏烟 杏园熏烟,是一种传统的防霜冻措施。在熏烟时,会形成大量的二氧化碳气体和水蒸气,在园地上方及树体周围形成烟幕,像给园地盖上了层棉被一样,可阻止地面热量散失,防止园内温度剧烈变化,使树体处于气温稳定的环境中,从而防止树体遭受霜冻。其方法如下:

①熏烟堆 用作物秸秆、落叶和杂草等堆成。当杂草点燃后,可在草堆上堆放潮湿的杂草或薄薄地洒一层土,防止出现明火,使其大量发烟。每堆杂草重20~25千克,每667平方米用6~10堆。实践表明,用落叶熏烟,烟雾大,效果好,同时还

可清理园内枯枝败叶,消灭病虫。

②**硝油末烟雾剂** 按重量比例,取硝酸铵 3 份,柴油 1 份,锯末 6 份,混合配制成烟雾剂。将烟雾剂堆放在上风头,相邻两堆相隔距离 25～30 米。点燃时,用土将四周围定,防止风大吹起明火,降低发烟效果。为了能充分地利用烟雾剂,有效地防止霜冻,烟堆布置和点燃时间要以当地气象预报情况为依据。在接到预报后,应确定专人负责,夜晚有专人值班,观测天气变化情况。当果园 2 米处高空间的气温降到 $-1.5℃$ 时,若在半小时内气温继续下降,则应开始点燃烟雾剂放烟雾;如果气温在 0.5 小时内稳在 $-2℃$ 以上,则不必点燃烟雾剂。实践表明,熏烟可提高果园气温 2℃ 以上,能有效防止霜冻的发生。

一般情况下,霜冻多发生在凌晨 3～5 时。在此时,要重点观测低洼地带,沟谷和河槽内也易积聚冷空气,也应注意观测。在观测时,要专人定点负责,以便及时采取措施。

园地熏烟,适合于花前、花期和座果期采用,不受时间限制。

(2)地面灌水 对于大风带来的寒流,灌水是有效的防止办法。因为大风会加速树体的水分蒸发,使树体减弱抗寒能力。只有及时给树体补充水分,方可减轻霜冻程度。同时,1 立方米水降温 1℃,能放出 4200 千焦的热量,而相同体积的空气,降温 1℃ 只能放出 1.4 千焦的热量。灌水后,增加了土壤的热容量,提高了预热能力,能使近地表温度提高 2℃～3℃,从而减轻或避免霜冻。

灌水的具体方法是:要及时收听天气预报。当有大风降温预告时,应及时给树体周围土地灌水,并重点浇灌树盘和根系分布集中的部位,使树体吸收补充水分,增加空气湿度,提高露地温度,从而降低冻害程度。灌水还可推迟花期3～4天,有利于避开晚霜。

(3)给树体喷水 地面灌水适合于花前进行,树体喷水可直接补充树体水分,提高树体的抗寒力,增加园地内空气湿度,提高园地内露地温度。由于 1 立方米水降温 1℃,能使 3 300 立方米空气升温 1℃,因而能降低冻害程度和延迟开花。

给树体喷水,可根据天气预报和经验来确定喷水时间。一般情况下,当天气转阴时就可以进行树体喷水,喷水程度以将所有枝条淋湿即可。喷水时,可结合防止小叶病、黄叶病等,在水中加入 0.2%～0.3%的硫酸锌、硫酸亚铁及硼砂溶液,进行喷施。

（4)给树体喷布食盐水 当水中含有一定量的食盐(NaCl)时,其冰点温度下降,而且冰点温度会随食盐含量的增加而降低。因此,将食盐水喷布在杏树枝条上时,可防止空气中的水蒸气在枝条上结霜,从而有效地阻止了霜冻,避免了霜冻对枝条和花芽的危害。同时,喷布食盐水还可推迟花期,避免晚霜。

尽管食盐水随着浓度的升高,其防冻效果也越好(表11),但高浓度的食盐水易于引起盐害,造成枝芽的伤害。所以,在生产上常用的食盐水浓度,以 0.5%～20%为好。喷用食盐水,应于休眠期至萌芽前进行。在喷布时,休眠期内可喷高浓度,但越接近萌芽期,喷布浓度应越低。在花芽萌动期,以喷布低于 0.5%的为好。要防止浓度过大而造成盐害,禁止在花芽萌发后喷布。

表 11 不同的盐水浓度的冻结温度

食盐水浓度 (%)	0	2	4	6	8	10	12
冻结温度 (℃)	0	−1.1	−2.4	−3.5	−4.9	−5.1	−7.5
食盐水浓度 (%)	14	16	18	20	22	24	26
冻结温度 (℃)	−9.0	−10.5	−12.1	−13.7	−15.2	−16.9	−18.7

(5)喷布化学药剂 在花蕾和幼果期,在花蕾、叶片和幼果上,喷布有关化学药剂,可防止花蕾和幼果遭受大风和霜冻危害。常用药剂及其使用方法如下:

①**抑蒸保温剂** 花蕾期和幼果期喷布抑蒸保温剂,使用浓度为 60 倍液,可防止大风及低温对杏花和幼果的伤害,提高座果率 50%~60%。但使用浓度不能过低,否则效果不明显。然而浓度也不能过高,否则会引起伤害。盛花期不要使用以上药剂,以免影响授粉。

②**增温剂** 幼果期喷布叶面增温剂(上海长风化工厂)或磷脂钠(长春生产),使用浓度为 2%~10%,可防止幼果发生冻害。

③**青鲜素(MH)** 花芽膨大期喷布浓度为 500~2 000 ppm 的青鲜素,可推迟花期 4~6 天。

④**高脂膜** 花前喷高脂膜 200 倍液,可推迟花期 1 周左右。

⑤**赤霉素** 9 月上旬至下旬,喷布 50 ppm 的赤霉素,能

推迟落叶 14～20 天,可使树体积累养分,花芽发育充实,提高花芽抗冻能力。

(6)枝条喷布石灰乳 枝条喷布石灰乳,等于枝条涂白,可有效地反射阳光,降低枝条温度,从而可延迟 5～6 天花期,避开晚霜危害。石灰乳配方为:50 升水,10 千克生石灰,搅拌均匀后,加 100 克柴油作粘着剂,以增加生灰乳在枝条上的吸附力。

(7)加强综合治理 加强杏园的土肥水管理和病虫害的综合防治,延迟秋季落叶时间,提高树体的营养水平和花芽的细胞液浓度,增强树体对低温的抵抗力。

(十五)树体保护技术

1. 刮树皮

随着树龄的增加,树皮变粗糙,老皮翘起,形成很多裂缝。这些裂缝成为许多害虫的越冬场所。同时,老树皮增厚,影响树干增粗,易使树体早衰。因此,刮除老树皮,予以集中烧毁或深埋,既能消灭越冬害虫,又可促进树体生长。

刮老粗皮一般每隔 1～2 年进行一次。刮树皮的时间,在冬季温暖地区,宜在树体休眠期进行;在寒冷地区,宜在严寒过后至树体萌芽前进行。此时越冬害虫还未出蛰活动,虫卵未孵化,易于集中消灭。操作时,以刮除老树皮为宜,不可过深。以免造成伤口,引起冻害和流胶,影响树体生长。还要注意,不仅要刮树干,还要刮除分枝处的皱褶及分枝上的老皮。

2. 树干涂白

冬季给树干涂白,既可消灭树干上越冬的病虫害,又可防止树干遭受冻害和日烧,能有效地保护树体。这对新植幼树、更新老树和高接换头的树,具有重要的意义。

树干涂白是在杏树主干、大枝涂白涂剂,以反射直射阳光,降低树干温度,防止日烧和冻害的发生,并兼有消灭害虫和病菌的作用。

(1)常用白涂剂的配方

①水18升,兽油(或柴油)0.1千克,食盐1千克,生石灰6～7千克,石硫合剂原液1千克。

②水10升,生石灰3千克,食盐0.5千克,石硫合剂原液0.5千克。

(2)常用白涂剂的配制方法

①用少量水化开生石灰,滤去渣砾,搅成石灰乳。

②用热水化开食盐,将石硫合剂原液倒入食盐水中,并搅拌均匀。

③加热化开兽油。

④将化开的兽油(或柴油)、食盐水和石硫合剂,倒入石灰乳中搅拌均匀即可。

⑤如果配成的白涂剂粘着力不强,则可加入少量粘土或水泥。若加入豆浆,效果更好。

(3)白涂剂的使用 使用白涂剂时,用毛刷将白涂剂均匀地涂在树干和大枝上,树干分杈处和根颈部也要涂到。

刮树皮和树体涂白是树体管理的两项工作。如果将刮树皮和涂白结合起来使用,即先刮树皮再涂白,则对成龄树和衰老复壮树具有更好的保护效果。

3. 顶枝和吊枝

当树体结果多时，为了防止树枝劈裂和被压折，果实被摇落，并避免因大枝下垂、重叠而影响内膛光照，常采用顶枝和吊枝的方法保护树体。

顶枝是用木棍将结果多的大枝顶起，以起到支撑作用，增强大枝的稳固牢靠度。

吊枝是在树冠中心立一支架，用绳索将结果多的各大枝吊起，以减轻多果大枝的负重量，防止被压折。

顶枝和吊枝，要在杏树座果后，枝条开始下垂时进行。

4. 桥接和寄根接

对枝干发生病害、冻害和受到大型机械创伤，造成树皮损伤的杏树，可采用桥接和寄根接进行挽救。

（1）桥接　选用生长良好、发育充实的一年生徒长枝，将两端削成较大的斜面，作为桥接枝。在树干伤口的上、下两端，斜切一接口，将枝条斜面朝里插入切口内，用小钉钉紧，用塑料条包严。接穗数量，可根据伤口大小而定。如果伤口过大，可多用几根接穗，以增加水分和养分的运输通道，使树体恢复和增强活力。

（2）寄根接　利用大树基部发出的根蘖苗或树干附近栽植的小树作寄根接条，根据其长度，将上端削成一个大斜面，然后在大树伤口上方 10～15 厘米处，斜削一切口，再将寄根接枝条斜面向内插入其中，用小钉钉住或用绳捆紧，最后用塑料条包扎严实。桥接或寄根接，最好在春季进行，因为此期嫁接成活率最高。

5. 伤口处理

杏树树干上所造成的各种伤口,如果不及时处理,会导致伤口流胶,病菌感染,发生腐烂。严重时,木质部腐朽,形成空心,还会削弱树势,缩短树体寿命,影响树体生长和结果。通常的处理方法如下:

(1)削平和包扎剪锯口 对较大的剪锯口,用利刀削平,涂上 5 波美度石硫合剂,或 2％的硫酸铜,并用塑料条包扎好。在冬剪时,疏除或回缩大枝要留 20 厘米长的保护桩。待春季萌芽后,再从基部将其锯掉,以利于伤口愈合。

(2)堵树洞 先清理树洞内腐败的木质部,刮除洞口的死组织,再进行消毒。然后将树洞堵住。堵塞树洞时,小树洞用木楔填平,或用沥青混入 3～4 份锯末堵塞。大树洞用 1∶3 的水泥和小石粒混合物填平。

6. 鼠害、兔害的防治

(1)防治鼠害 在"三北"地区,由于老鼠常啃食幼杏树根部,严重时能将根颈咬食一圈而使幼杏树死亡,造成严重缺株。成龄大树也因老鼠咬啃根部,致使营养吸收减少,树体衰弱,妨碍生长和座果,严重时,树体因得不到营养而死亡。

危害最严重的是棕色田鼠。棕色田鼠多栖息于海拔高度较低的河滩、梯田、河堤、水渠旁及农田地埂边。1 年可产 2～3 胎,每胎 2～9 只,3～11 月份为其繁殖期。上半年出生的田鼠,当年还可进行繁殖。田鼠性喜群居,一穴中可有不同年龄的田鼠栖息。它们以植物的地下根、茎为食,尤其喜食鲜嫩多汁的根部。在冬、春季食物缺乏时,则咬食果树的根颈和树根部位的皮。它们常年在地下活动,在地面上常造成大小不等的土堆,以秋收后至春播前活动最明显。它们还有当洞道或洞口土堆遭到破坏或洞口暴露时,会重新堆土将洞口封住,堆成新土堆的习性。

防治鼠害的方法如下:

①运用磷化锌毒饵

第一,配毒饵:取白面 9 份,磷化锌 1 份,加水适量,即可配成 10% 的磷化锌毒糊。取胡萝卜、甘薯和嫩白菜叶等,切成长 5~8 厘米、宽 1.5~2 厘米的小段,或取嫩树枝,剪成小段、蘸取毒糊,即成毒饵。

第二,找洞口:在田鼠出没的地方,根据其土堆位置找到洞口,并用铁锹铲开洞口,半小时后,如果洞口被土堵上,说明洞内有田鼠。否则,说明是田鼠洞,内部田鼠已搬走。

第三,投毒饵:在有鼠的洞口,将洞打开,用细棍捅去洞内浮土,取 2~3 块磷化锌毒饵,放在洞内 3~5 厘米处,并敞开洞口。田鼠封洞时,会将毒饵拉入洞内啃食,便中毒而死。

第四,检查:过 1~2 天后,检查投毒处。如发现仍有封洞新土堆的,可补投毒饵,直至将其全部消灭为止。

②运用大葱毒饵　田鼠一般喜食大葱。据此,取大葱剥除葱皮,露出葱白。取剧毒药剂,如甲胺磷、一六〇五或一〇五九等,配成 1:3~5 倍的药液或用原液,将葱白放在药液中浸泡 2~5 分钟,取出后立即埋入树根附近,或埋于鼠洞口内。田鼠在活动时,嗅到葱味后,便前来啃食,结果中毒而死。

(2)防治兔害　近几年来,野兔对杏树的危害也比较严重。野兔的形态与家兔相似,但有许多变种。其主要的特征是耳长于头,耳尖多为黑色。尾短。1 年可繁殖 2~3 次,每次产仔 3~6 只。它对杏树的危害,主要是冬季啃食树皮和咬食根部,有时还咬食幼树枝条。在夏季,它也咬食树枝和幼叶。因此,野兔的危害严重地影响树体生长。

防治兔害的措施如下:

①用毒饵诱杀 于冬季少食季节,尤其是大雪之后,于野兔经常出没的地段,施放毒饵,将其毒杀。常用的毒饵有:

一是亚砷酸钠毒剂。用荞麦、玉米或其他作物的种子,放在器皿内,按70克亚砷酸钠加入1升清水,配成药液后,放入种子,浸泡1昼夜。浸泡时,每隔3～4小时搅拌一次。浸透毒剂的种子,晾干后即可使用。

二是磷化锌毒剂。取1千克谷粒,加30毫升水,再加入少量植物油和30克磷化锌,搅拌均匀。谷粒均匀地粘上毒药后,可直接在田间使用。

②让野兔忌避 用浸过石油或猪血的布片,挂在杏树干基部,或将猪血或石油直接涂抹在杏树干基部,使野兔忌避,离开杏树。

③人工捕杀 在冬天,放出猎犬捕杀,或用猎枪直接射杀。

④器械捕杀 在大雪之后,于野兔经常通过地段设置兔夹。将其捕杀。

(十六)早果丰产技术

幼龄杏树的特点是生长旺盛,尤以二三年生树表现明显。如果栽培管理不当,杏树往往延迟结果或前期产量很低。而采用"一促二控三缓"的综合栽培措施,即定植第一年促生长,第二年控旺长,第三年缓势增座果,可实现"两年成花、三年结果、四年亩产超千公斤"的丰产目标,使整形、结果同步进行,获得显著经济效益。

1. 定植当年促生长

(1)严格按要求整地 于冬前开挖长 100 厘米、宽 100 厘米、深 80 厘米的定植坑,挖时将生、熟土分开放置。回填前,每坑先填入 20~30 厘米厚的秸秆,同时施入优质农家肥 30~40 千克,掺入磷肥 1~1.5 千克,将其与熟土混合均匀,然后底土撒于地表或用来打埂。树坑填实后,灌足水越冬。

(2)壮苗定植 翌年 3 月上旬,选用苗高 1.2 米以上、地径 0.8 厘米以上、生长充实、芽眼饱满和根系完整的优质壮苗建园。定植时应适当浇水并保墒。

(3)及时浇水保成活 苗木定植后,应立即浇足水。水渗入土中后,要封好树盘,并在树下堆一土堆,以防止风吹树摇和有利于保墒。半个月之后,再浇一次水。这对提高树体栽植成活率有至关重要的作用。

(4)生长季摘心促发分枝 苗木定植后,随即以 70 厘米定干。当干上新梢生长到 50 厘米时,选择方位合适、角度适宜、生长均衡的三个新梢进行摘心,作为第一层主枝。同时,选择一个直立向上生长的新梢作中心干枝,在 60 厘米时摘心。其余枝条均进行缓放。通过适时摘心,可促发二次分枝,扩大并充实树冠。摘心后,要及时追肥,每株施尿素 100~150 克,并结合追肥进行浇水,促进定植苗快速生长。

(5)冬季整形修剪 在株行距 2 米×4 米的密度下,采用主干疏层形树形,全树设置主枝 5~6 个。其中第一层 3 个,第二层 2 个,层间距 80~100 厘米。在主枝上直接着生结果枝组。结合控冠措施,全树成形后,达到树高 2.5~3 米,冠幅 2.5~3 米。

在正常管理条件下,杏树定植当年主枝生长量可达 1 米左右。经过摘心处理,其上一般萌发 2～4 个侧枝。当年冬季修剪主要是对主枝进行剪截,继续增加枝量和扩大树冠。主枝延长枝可留 60～70 厘米剪截;其上选 1 个侧枝,留 30～40 厘米剪截,剪口芽外留。对中心干延长枝可留 80～100 厘米剪截,对主枝上竞争枝及内膛直立旺枝,若有空间则压平留用,无空间则疏去,对其余枝一律长放不剪。

2. 第二年控旺长早成花

(1)**开张角度** 在春季枝条生长后,利用撑、拉、支等手段,把主枝角度开大到 70°～80°。在整个生长季中,对其他枝条进行 2～3 次拿枝开角,使其角度保持在 80°左右。

(2)**主干环剥** 主干环剥在当年 5 月中下旬进行。此时正值新梢旺长期,已形成了一定的叶面积。环剥部位在距地面20～30 厘米处的主干上进行,剥口宽度为 0.10～0.15 厘米。环剥应在天气晴朗的上午进行。剥后先用 25％多菌灵 100 倍液涂抹伤口消毒,然后用报纸条密封环剥口,以减少流胶。

(3)**及时补充肥水,促进环剥口愈合** 为了促进环剥口愈合,环剥前若杏园内墒情不足,则应提前 1 周进行灌水,以保持土壤湿润。从环剥后 1 周开始,叶面喷施 0.3％～0.4％尿素液 1～2 次,以后再喷施 0.4％磷酸二氢钾 2～3 次。

(4)**控制旺枝** 在枝条生长中期,结合拿枝开角进行夏季修剪,主要控制竞争枝和直立旺枝。对竞争枝(剪口下第 2～3芽所发)可直接疏去。对内膛旺枝,可扳平利用,也可一次疏去。

(5)**利用生长抑制剂** 从 7 月上旬开始,叶面喷施多效唑1～2 次,间隔期为 15 天,剂量为 $1\,000 \times 10^{-6}$～$1\,200 \times 10^{-6}$(即 $1\,000$～$1\,200$ 毫克/升)。

3. 第三年缓势增座果

在经过第二年环剥控旺,促使各类枝条大量成花的基础上,第三年实施缓前促后,缓上促下的措施,以均衡树势,促进座果。其具体做法如下:

第一,从第二年冬剪开始,以轻剪为主,对主枝延长枝截去当年枝长的 1/3～1/4,对其他枝条不剪截,只疏去枝头两侧的旺枝,保持单轴延伸。对内膛交叉枝、重叠枝可适当疏去。

第二,早春开花前,每株施用 15%多效唑 6～8 克,稀释100 倍,在树盘周围打孔施入。然后结合花前浇水,可明显缓和树势,有效地增加座果率。

第三,保花保果。主要抓好以下几项工作:

一是在冬季树干涂白,花前喷布石硫合剂,结合灌水,增加土壤湿度,延迟开花。

二是在盛花期喷布 5 克花粉＋5 克硼砂＋15 克尿素＋100 克蔗糖＋10 升水的花粉营养液,提高授粉概率。

三是在天气寒时,进行熏烟防冻,避免或减轻花蕾或幼果受冻害的程度。

四是在落花后喷布赤霉素 500～800 毫克/升加 0.4%磷酸二氢钾的溶液。

五是在旺枝座果后进行环割处理,并保护好伤口。

4. 减少败育花,提高座果率

某些鲜食杏单位面积产量低、果实品质差的原因之一,是败育花比例大,生理落果严重。花期如遇长期低温、阴雨天气,授粉受精不良,导致座果率低,影响产量。另一个原因是枝叶旺长,树体养分供应不均衡,导致雌蕊或花粉发育不完全,授粉不良及胚发育停止。因此,调节树势,使生长与结果相平衡,是减少败育花、克服落果、提高座果率和杏果品质的基本途径。

(1)加强树体管理　对雌蕊退化、花期受冻、子房受伤、花器发育不全而引起的落果,应加强病虫害防治和秋季采后管理,减少秋季落叶;搞好夏季修剪,减少树冠郁闭,改善通风透光条件;增加树体营养贮藏,使花器发育充实,增强抗寒力,减少雌蕊退化,提高花粉发芽力。

(2)控制肥水　在硬核前适量供应肥水,防止生理落果。硬核开始后应控制肥水,并配合施用磷钾肥,结合对旺树轻剪,并在夏季适当早疏果,以调节营养分配等。

(3)人工授粉　对有雄蕊败育性的品种,必须配置授粉树。在花期低温、阴雨天气延续时间长的年份,应进行人工辅助授粉,以提高受精质量、座果率和产量。

授粉时,宜选含苞待放的花蕾,在温暖无风的中午进行,授粉后如 3 小时内遇雨,则应重新补授;若 3 小时后遇雨,则对授精无影响。

幼龄杏树经过"一促、二控、三缓"的前 3 年的栽培管理,既完成了树体整形,又进入了丰产结果期,以后实施更为精细的管理,减少败育花,提高座果率,并积极增加树势以延长优质丰产期。

(十七)提高鲜食杏品质的农业技术

影响鲜食杏品质的因素是多方面的,主要有品种特性、当地条件和栽培措施。果实品质与产量在较高的管理水平下,是可以统一的,但产量超过一定限度,就会出现果小、色差和风味下降的现象。在许多国家的人们都非常重视果实品质,为了保证优质,宁可限制产量。这个做法很值得我们借鉴。就我国目前的栽培条件而言,提高鲜食杏品质,所采用的农业技术措施如下:

1. 选择优良品种

栽培优良品种是实现优质丰产的前提。没有优良品种,再先进的栽培管理技术也难以生产出优质果品。只有栽培优良品种,加上先进的栽培技术,才可以生产出果大、质优、色艳、受广大消费者欢迎的果品。

2. 适地建园

在阳光充足,生长期平均气温达 15℃~25℃,果实成熟期气温为 25℃~30℃的条件下,土层深厚的砂壤土,pH 值为 5~6 的微酸性土壤上,树体生长良好,果实着色好,品质优良。因此,在建立鲜食杏园时,要根据以上条件选择园址,以便保证所产鲜食杏的优良品质。

3. 科学施肥

鲜食杏根系分布相对较浅,对肥水条件要求较高。但目前我国大部分杏园均土壤贫瘠、有机质含量在 1%以下,远远不能满足生产优质果的要求。因此,要重视杏园的土壤管理,积极增施有机肥,改善土壤结构,增强土壤透气性,使杏园土壤有机质含量达到 1.5%以上,强调有机肥在杏果采收后施入树下,也可配合果园覆盖压绿肥,增加土壤有机质含量。

4. 改善光照条件

杏树为喜光树种,对光照不足很敏感。光照是杏果优质的重要条件之一,光照充足,果实品质好,着色好。否则果小,质差,着色不良,内膛结果能力差,结果部位外移。尤其是在密植条件下,更应注意开张杏树枝条角度,加强夏季修剪,改善通风透光条件。

5. 疏花疏果

杏树为易形成花芽的树种,在盛果期易超负载结果。负载过重易于造成树体衰弱,不易更新,并易产生大量小果。降低果实品质,并形成大小年。因此,合理疏花疏果,有助于果实的生长发育,增大果个和提高果实品质,防止隔年结果现象的出现,调节生长和结果的关系。这也是实现稳产、高产和优质的重要栽培技术措施之一。

(1)**疏花**　结合冬前修剪进行,根据品种、树势疏掉过多的花芽或短截果枝。其次,在花期疏除过早花、迟花和畸形花等。

(2)**疏果**　主要采用人工方式疏除,一般在花后 20～25 天进行,可一次完成。早疏可有效地减轻落果。但对落果严重的品种,可分两次完成。第一次轻疏,过 10～15 天后进行第二次疏果。一般来说,对座果率高的丰产品种,树势偏弱的植株及弱枝应适当多疏,反之则少疏。

留果标准为:主枝延长枝不留果,徒长性结果枝留 5～7 个果,长果枝留 4～5 个果,中果枝留 2～3 个果,短果枝及花束状果枝留 1～2 个果。叶果比例为:早熟品种为 15～20：1,中熟品种为 20～25：1,晚熟品种为 25～30：1。同时,树冠外围及上部光照好的可多留果,内膛及下部要少留果。

疏果顺序为:就树枝而言,由上而下、由内而外的顺序进行。先疏双生果、畸形果、黄萎果和病虫果,后疏无叶果和小果。长、中果枝留中部侧生果和下位果,短果枝留顶部果。

6. 适时采收

就地销售的鲜食杏,以及加工用杏,宜于八至九成熟时采收;远地销售、需运输的,在七八成熟时采收。鲜食杏的成熟度,应以果实发育期,果肉硬度、弹性、芳香、风味等情况,进行综合判断。

八、鲜食杏树的整形修剪

鲜食杏树是成花容易、结果早和容易结果的果树,因而在粗放管理的条件下也能获得高产。但是放任生长和粗放经营,会造成树体早衰,结果部位外移,树冠中、下部枝条光秃,内膛结果枝少或大部分枯死,座果率低,出现大小年现象,产量忽高忽低或低而不稳,果实品质下降,果小,味酸,色淡。实践证明,只有合理修剪与整形,才会得到良好的生长效果和令人满意的经济效益。

(一)与修剪有关的枝芽特性

1. 芽的早熟性

在鲜食杏树生长发育的过程中,随着新梢的生长,枝条中、下部叶腋间的芽逐渐形成,在环境条件适合的情况下,可逐个萌发形成二次枝,有时在二次枝上的芽又萌发,形成三次枝。这种特性在没有结果的幼龄树和高接换头树上可常见。

2. 芽萌发力强而成枝力弱

所谓萌发率,是指枝条上芽的萌发能力,一般用百分比表示,即芽的萌发率=萌发的芽/总芽数×100%。

所谓成枝率,是指在萌发的芽中,抽生长枝的能力。一般也用百分比表示,即芽的成枝率=抽生长枝数/萌发的芽数×100%。

在一般情况下,一年生枝缓放或轻剪后,除了枝条基部几个芽不萌发外,其余的均能萌发,但抽生长枝的能力很差,只有经过适度修剪后,在剪口下才会抽生 2～3 个长枝。这一特性还与杏树的品种、树龄及树势有关。

3. 芽的潜伏性

潜伏芽指在一般情况下不萌发,呈休眠状态,只有受到刺激后,才萌发的芽。鲜食杏的潜伏芽在不受刺激的状态下,可休眠十几年。这是北方其他落叶果树所不具备的。只有当枝条重修剪或回缩更新时,潜伏芽才萌发。

4. 幼树枝条生长势强

幼树期间,枝条不规则,生长强烈,这种枝条不加以控制,常常形成几条"鞭杆",生长量及生长势均超过原来培养的主枝或其他骨干枝。

(二)杏树修剪技法

鲜食杏树的修剪,主要是根据其品种特点、土壤环境条件、树冠类型及栽培方式进行,培养出理想的树形,以维持合理的通风透光条件,使营养生长和结果之间比例合理,达到幼树提前结果,盛果期树维持高产的目的。

1. 冬季修剪

冬季修剪,简称冬剪,是指对鲜食杏树从落叶后至第二年萌芽之前的休眠期的修剪。考虑到杏树休眠期短和对外界环境的敏感性,故冬剪应当在深冬之后至早春营养生长之前进行。因为此时枝干和根系贮存的大量营养物质,还没有输送到树冠周围的枝条,修剪后留下的枝条和芽子,能有效地利用所贮藏的营养物质,促进其生长与开花结果。如若落叶后立即修剪,则有些过早,特别是在冬季刮大风的地区,容易抽干剪口。而在萌芽后再修剪,则又比较危险,容易发生流胶,造成树体死亡。所以,这两个时间进行鲜食杏树的冬剪,都是不合适的。

冬剪的方式,有以下四种:

(1)短截 这种方式是剪去一年生枝的一部分,剪除部分的长度依据枝条本身的粗细、长短和树势及修剪目的而定。

短截的作用,在于刺激剪口下的芽萌发并抽生 2～3 个长枝,以扩大树冠和不断增加结果部位,同时在留下枝的中下部,生成一定数量的、木质化程度好的短果枝,以求增加来年的结果。依短截程度的不同,可分为轻剪、中剪、重剪和极重剪(图 32)。

图 32 短截示意图

① **轻剪** 剪除枝条的 1/5 部分。有利于扩大树冠,培养中短结果枝。

② **中剪** 剪除枝条的 2/5～3/5 部分。有利于扩大树冠,提高座果率。

③ **重剪** 剪除枝条的 3/5～4/5 部分。控制树体生长势,提高座果率。

④ **极重剪** 剪除

枝条的 4/5 以上。控制树体生长量,培养小型结果枝组。

(2)**缩剪** 又称回缩。将多年生枝短截,剪到一年生枝的基部或多年生枝的分枝部位(图 33)。

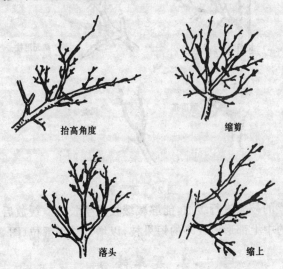

抬高角度　　　　　　　　缩剪

落头　　　　　　　　缩上

图 33 回 缩

缩剪的作用:①削弱母枝,即控制和削弱树冠中不适合部位母枝的生长量。②促进后部枝条的生长和潜伏芽的萌发。③改变各类延长枝的角度和方向。

(3)**疏剪** 将枝条从基部剪除。本着去弱留强的原则,疏剪一部分背上竞争枝,树冠中上部过密枝和交叉枝,伤口附近的轮生枝和邻接枝,以抑前促后和改善通风透光条件(图34)。

(4)**缓放** 长放不剪的方法叫缓放。对一年生枝不剪截,

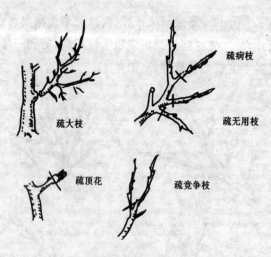

图 34 疏　剪

对旺盛的枝条进行缓放,能够减缓枝条生长势。缓放后,能在枝条的中上部形成较多的短果枝,以增加结果部位(图 35)。

2. 夏季修剪

　　夏季修剪,是指在生长季进行的修剪,简称夏剪。其作用是控制和调节树体生长势,使之缓和,以利于花芽分化和提高座果率。因此,夏剪的方法应根据树龄、季节及修剪的目的等因素来确定。

　　(1)拉枝、开角及变向　幼树和旺树易发生直立旺盛生长的枝条,并且形成"鞭杆"。将这种枝条拉成一定角度,可以缓和生长势,促生许多中、短果枝,提早结果。另外,幼树易形成偏冠,可通过拉枝,改变枝条生长方向,填补枝条空缺部位(图 36)。

　　进行以上操作的时间,最好在树液流动之后、萌芽之前进

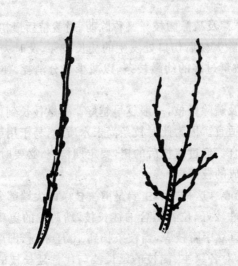

图 35　缓放示意图

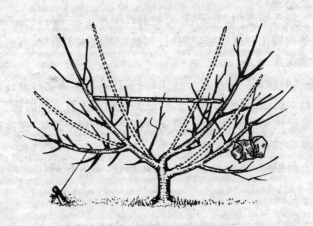

图 36　拉枝、开角和变向示意图

行。拉枝角度以 40°～50°为宜,但不可拉平或过大,以免发生直立的旺枝,而达不到拉枝的目的。

（2）**抹芽及疏除嫩枝**　又称除萌。对栽植后最初几年内长出的和疏除大枝后伤口处发生的徒长枝芽，及时去掉其位置不合适、数量过多的幼嫩枝条，以减少养分消耗，使树体内通风透光。

抹芽及疏除嫩枝，一般越早越好。在嫩枝长到 3～5 厘米时进行较适宜。因为此时枝条尚未木质化，易于用手掰断，伤口也易愈合。经过疏枝后的树，要定期检查，必要时还应及时去掉新形成的枝芽。

（3）**摘心**　这种方法主要是剪去枝条的尖端部分。树冠内部光照条件较好、位置适合的徒长枝，新萌发的更新枝、延长枝和背上直立中庸枝等，当枝条长到 40 厘米时，即可摘心（图37），但是，对各级主、侧枝的延长枝与代替延长枝的枝条，则不要摘心。

枝条摘心约 10 天后，可在剪口下发生若干分枝。若在枝条半木质化时摘心，这些分枝到秋季可基本木质化，有的还可形成花芽。

（4）**扭梢**　这是对一年生旺枝，在其半木质化时进行扭伤的技术措施。对树冠内生长旺盛及内膛有生长空间的徒长枝，若需要培养结果枝组时，可通过扭梢来控制生长势，促进花芽形成，达到以果压冠的目的。

扭梢时，在徒长枝半木质化部位，将其扭转 180°角即可（图 37）。

（三）常见树形的树体结构

杏树为喜光树种。对杏树进行整形修剪，可使树体及枝条坚实，结构合理，能够充分接受和利用光能，生长旺盛，做到早结果,早丰产,果实品质好,树体经济寿命长。目前,在生产上常用的树形有自然圆头形、疏散分层形和自然开心形。

图 37　摘心与扭梢

1. 自然圆头形

杏树在自然生长状态下,其树冠所呈现的圆头形状。为了顺应杏树的生长习性,人为地对树冠加以适当的调整,随树作形而成。该树形的树体,没有明显的中央领导干,在主干上着生 5～6 个主枝,其中 1 个主枝向上延伸到树冠内部,其他几个主枝斜向上插空错开排列,各主枝上每间隔 40～50 厘米留一个侧枝,侧枝上、下、左、右自然分布成均匀状(图 38)。

图 38　自然圆头形树体结构

这种树形修剪量小,定植后 2～3 年即能成形,结果早,易管理,但骨干枝下部易光秃,结果部位外移较快。

2. 疏散分层形

这种树形适用于干性较强的品种,株、行距比较大,在土层厚的地方采用。

疏散分层树形有明显的中央领导干,在中央领导干上分层着生 6～8 个主枝,第一层有主枝 3～4 个,第二层有主枝 2～3 个,第三层有主枝 1～2 个,层与层间距 60～80 厘米,层内主枝间上下距离 20～30 厘米。各主枝上着生侧枝,侧枝前后距离 40～60 厘米,在侧枝上着生结果枝组和结果短枝(图 39)。

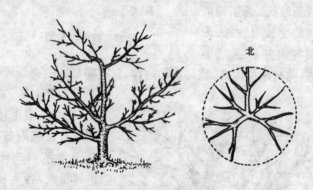

北

图 39 疏散分层形树体结构

这种树形树冠高大,主干明显,主枝分层着生,树冠内膛光照好,不易空虚,枝量大,果实产量高,品质好,树体经济寿命长。但是,它的整形时间长,成形稍晚,控制不好,容易出现上强下弱的现象,使骨干枝提早光秃。

3. 自然开心形

自然开心树形适合于条件稍差的山地密植鲜食杏园采

用。这种树形没有中心干，主干高 50 厘米左右。它的主干上着生 3～4 个均匀错开的主枝，主枝基角为 45°～50°。每个主枝上着生若干个侧枝。侧枝沿主枝左右排开，前后距离 50 厘米左右，其上着生结果枝和结果枝组（图 40）。

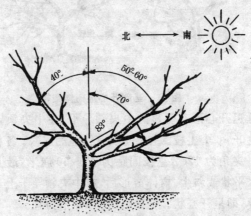

北 ←→ 南

图 40　自然开心形树体结构

基部开心形，也是自然开心形的一种。其结构为：主干高度为 50～60 厘米，最后干高 30～40 厘米。定干后，先选留 3～4 个主枝，第二年在每个主枝上培养出 1～2 个方向、角度和生长势适宜的延长枝作为二级主枝，使全树形成 6～8 个二级主枝。在各个主枝上着生各类结果枝及结果枝组（图 41）。

自然开心形树体较小，主枝开张，通风、透光性好，结果枝牢固而充实，树体寿命长，果实品质好。

4. 延迟开心形

延迟开心形适用于干性较强的品种，在株行距较小，土肥水管理条件稍差的地方可以采用。

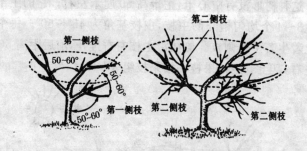

图 41　基部开心形树体结构

延迟开心形有明显的中央领导干,在中央领导干上均匀地着生 5～6 个主枝。主枝间没有明显的层次。各相邻主枝间的水平夹角为 120°,主枝间距为 40～60 厘米,最上部一个主枝呈水平状或斜生。树体成形后,将中央领导干上最后一个主枝去掉,即呈开心状。树高以 2～2.5 米为宜。

延迟开心形的侧枝,直接配备在主枝上,两个相邻侧枝的前后距离约 50 厘米。在侧枝上,着生结果枝组和结果短枝。

由于延迟开心形树冠中等大,因而造形容易,进入结果期早,适合于密植。同时,前期有明显的主干,成形后将主干疏除,因而冠内通风透光条件好,内膛不易空虚,结果量大,果实品质好,树体的经济寿命长。

(四)四种树形的整形技术

1. 自然圆头形的修整

定干高度为 70～90 厘米,无明显中央领导干,选留 5～6 个错落有致的主枝,主枝上每隔 50～60 厘米选留一个侧枝,侧枝在主枝两侧交错均匀分布,在侧枝上合理分布各类结果枝组。

第一年冬剪　对确定的主枝,其生长势强时,剪去枝条长度的1/3;生长势弱时,剪去枝条长度的1/2。以发育正常的苗木为例,一般剪留长度为50～60厘米,剪口芽外留。第二、第三芽留在两侧。中央枝、延长枝留50～60厘米剪截,使其向上延伸。

第二年冬剪　将中心领导枝留50～60厘米短截。剪口芽留在迎风面,剪口下第三芽留在第三层主枝位置上。树体生长健壮者,可选留第二层主枝。第二层主枝要与第一层主枝交错分布,其与主干夹角为40°～50°,第二层主枝剪留长度为40～50厘米。

第一层主枝延长枝留50厘米左右剪截,在距主干50～60厘米处,选留出一个健壮的斜生枝作第一侧枝,侧枝与主枝的夹角为40°～50°,向外斜生。侧枝剪留长度为30～40厘米。其他枝条均作辅养枝。

第三年冬剪　中央领导枝留60～70厘米短截,剪口芽与上一年选留位置相反。在第一层主枝上,距第一侧枝40厘米处选留第二侧枝,各主枝延长枝剪留50厘米左右,使第一层主枝剪口芽留在第三层主枝位置上。如果夏剪时,未培养出侧枝,冬剪时要选留第二侧枝。具体做法与第二年冬剪时相同。

在冬剪时,要逐步增减结果枝组。在培养时,采用短截和疏密的方法,促生分枝,扩大枝组,多留结果枝,使结果枝紧凑。在安排结果枝组时,不要在同一枝上安排两个大的强旺结果枝组。否则,易形成"卡脖",使主、侧枝头生长减缓,妨碍扩大树冠。

第四年冬剪　中央领导枝留60～70厘米短截,剪口下第三芽留在第四层主枝位置,各主枝均留 50 厘米剪截。第三层主枝剪口下第三芽,留在培养侧枝位置。

这一年的冬剪及以后的冬夏剪,与上一年的剪法相同,可参照执行。

定植 4 年后的整形,主要是维持标准树形的修剪,调节结果枝组间的距离和组内枝条的距离与疏密程度,以有利于通风透光为度。

自然圆头形的特点是:修剪最小,成形快,一般定植后 3～4 年即可成形。进入结果期早,丰产性强。但树冠易于郁闭,下部光秃,结果部位外移。因此,在修剪上应注意调整。

2. 疏散分层形的修整

定干高度为 70～90 厘米,有明显的主干。全树有 8～9 个主枝,干高 40～50 厘米,第一层主枝有 4～5 个,主枝间距为 15～30 厘米。第二层距第一层 80～100 厘米。第二层有 2～3 个主枝,与第一层主枝错落排列。第三层与第二层间距 60～70 厘米。第三层最上部的一个主枝,呈水平状或倾斜向上状,形成一个小开心形。

第一年冬剪 对培养的主枝,一般剪留 50～60 厘米,剪口芽向外。中央领导枝留 50～60 厘米剪截,剪口芽为饱满芽。将非主枝培养成枝干上的结果枝组。

第二年冬剪 中央领导枝留 50～60 厘米剪截。如果副梢生长旺盛且发育充实,可长留,在二次梢上剪截,同时选留第二层主枝。第二层主枝要与第一层主枝交错分布,层间距离保持 30～40 厘米。第二层主枝的剪留长度以 40～50 厘米为宜。

第一层主枝延长枝剪留长度为 50 厘米。同时在第一层主枝上,分别选留第一侧枝,侧枝距主干以 50～60 厘米为宜。侧枝要求斜生或侧生,剪留长度为30～40厘米。

第三年冬剪　中央领导枝留50～60厘米剪截。各级主枝延长枝留40～50厘米,在饱满芽处剪截,继续扩大树冠。

在第一层主枝上,在距第一侧枝40厘米处选留第二侧枝。第二侧枝留20～30厘米剪截。也可利用夏剪时产生的副梢选留第二侧枝。同时,还要继续培养结果枝组,方法同自然圆头形结果枝组的培养。

疏散分层形的特点:有明显的主干,主枝多,且分层着生,树体高大。透光性强,内膛不易光秃,内外结果力强、产量高。

3. 自然开心形的修整

定干高度为60～80厘米,在整形带内选三个着生均匀的主枝,主枝间距为20～30厘米,其水平夹角为120°,主枝基角为50°～60°。没有中央领导干,每个主枝上均着生有2～3个侧枝,侧枝上有结果枝组和各类果枝。

(1)主枝的培养　自然开心树形三主枝的培养,有以下几种情况:

第一,利用主干上萌发出的一年生新梢或当年生副梢,从中选出着生距离适宜、方位角度分布均匀的作主枝,在第三主枝上,将中心枝疏掉。

第二,在基部选2～3个位置适宜的枝条做主枝,将中心枝拉平,作为另一个主枝。

第三,在主干上选两个距离较远的良好主枝,把中央枝疏掉,然后在夏剪时,再在第一主枝上培养第三主枝。

(2)树形修整

第一年冬剪　选定主枝后,在冬剪时,要以继续扩大树冠为主要目的。因此,各主枝剪留位置要在饱满芽处剪截,一般剪留 50～60 厘米,剪口芽留在外侧,第二、三芽分别留两侧。

第二年冬剪　主枝延长枝继续在枝条饱满芽处中剪,剪留长度为 50～60 厘米。同时,要选留侧枝,第一侧枝在距主干 50～60 厘米处向外斜侧伸展,剪留长度为 30～50 厘米。在主枝上培养结果枝组。

第三年冬剪　主枝延长枝和第一侧枝,均在饱满芽处留 50～60 厘米后剪截。同时,培养第二侧枝。如果在夏剪时,培养出了侧枝,则在饱满芽处剪截,促其生长。如果夏剪未培养出第二侧枝,则在距第一侧枝 50 厘米处选一侧枝,剪留位置在饱满芽处,其长度稍短于主枝延长枝。其余枝条,均适量修剪,培养成结果枝组。

第四年修剪　树体已基本成形以后,修剪的目的主要是继续扩大树冠,培养结果枝组。具体操作方法可参考上一年的修剪方法进行。

自然开心形的特点,是树干低矮,无中心干,主枝较少,通风透光条件好,适合于贫瘠的丘陵山地、水肥条件较差地区内的鲜食杏树整形用。不足之处是主枝易于下垂,树下管理不便,树体容易衰老。

4. 延迟开心形的修整

定干高度为 70～80 厘米,有 5～6 个主枝均匀地分布在中央领导干上。主枝没有明显层次,最上部一个主枝呈水平状或斜生状。树体成形后,将中央领导干上最后一个主枝去掉,使之呈开心形。

延迟开心形的修整要点如下:

第一,安排好主枝的位置,使第一层三大主枝相互间的水平角度为 120°左右。

第二,两层主枝之间,各枝的位置要相互错开。如第一层的三大主枝中二主枝在南半侧,另一主枝在北半侧,那么第二层的主枝则应分别安排在西北、东北两个位置上,以避免相互重叠,遮挡阳光。

第三,两层主枝间相距 80~100 厘米,层内主枝上下相距 30~40 厘米。

第四,树高标准为 2~2.5 米,当树体达到要求高度后,则应去掉主头,使之形成延迟开心形。

第五,延迟开心树形侧枝的配置与培养,类似于疏散分层形,以及结果枝组的培养,均类似于疏散分层树形的修整情况,可参照修剪。

延迟开心形的特点,是树冠中等大小,选形容易,进入结果期早,适于密植栽培。

(五)不同龄期鲜食杏树的修剪要点

1. 幼树期的修剪

(1)鲜食杏幼树期的生长特点 苗木定植后,经过缓苗期,即进入迅速生长阶段。这时极易生成几个长枝,并常常在主枝的背上或主枝的拐弯处,萌发直立向上的竞争枝,有时甚至超过主枝。如果这些枝条不及时加以控制,就会形成"树上树"或"树中树"。

(2)幼树期的修剪任务 主要是利用幼树的生长特点,进行整形。定植后,将管理重点放在树形的管理上。要根据设定的理想树形配置主枝,保持主枝具有的较强生长势,并同时控制其他枝条的生长。在以后 2~3 年的时间内,每年要通过修剪,短截主侧枝的延长枝,不断扩大树冠。延长枝的修剪量要根据品种、发枝力强弱、枝条长短和生长势来确定。一般要强枝轻剪,弱枝重剪,以剪去原枝长的 1/3～2/5 为宜。对树冠内膛干扰骨干枝生长的非骨干枝,如果无利用价值,则应及早疏除。对凡是位置适合,能填补缺枝空间的枝条,可通过拉枝变向,结合缓放或短截,以促其分枝,将其培养成结果枝或结果枝组。

幼树期的修剪,虽然以整形为主,但应考虑到实现早期丰产的栽培目的,即在培养良好树形和树体结构的基础上,还要具备足够的枝条,促使其尽早开花结果,高产稳产。所以,幼树期的修剪宜轻不宜重,不能为造成某种树形,而过分追求骨干枝位置,过多地疏除多余枝条,以免对实现早期丰产栽培目的不利。为了防止在冬剪时过多疏枝,可在当年夏剪时拉枝、抹芽,以减少无用的枝条。

2. 初果期的修剪

(1)鲜食杏树初果期的生长特点　鲜食杏树在定植后二三年就可开花结果,但要达到理想的商品产量,则还需要 1～3 年时间。在这段时间内,通过整形修剪的幼树,生长势仍然很旺盛,杏树枝条不规则地生长仍很明显,营养生长仍大于生殖生长。

(2)初果期的修剪任务

①保持必要的树形。即在原设计树形的基础上,加以护理和修剪。

②通过对延长枝的短截修剪,继续扩大树冠。

③通过运用综合修剪措施,培养尽可能多的结果枝组。

(3)初果期的修剪技术

①剪截各级主枝、侧枝的延长枝头,保留饱满芽,使之继续向外生长,以获得不小于 50 厘米的长枝。

②疏除骨干枝上的直立竞争枝、密生枝及树冠膛内影响光照的交叉枝。

③短截部分非骨干枝和中间的徒长枝,促生分枝,使之成为结果枝组。

④对于树冠内部新萌发的生长势旺盛的、方向和位置合适的徒长枝,要通过拉枝变向、扭枝和重短截等措施,抑制其生长,促发分枝,以填补膛内空间,并将其培养成结果枝组,力争实现内外立体结果。

3. 盛果期的修剪

(1)鲜食杏树盛果期的生长特点 经过整形和护理修剪之后,鲜食杏的树体大小、树形结构、各类枝条的比例均已形成,果实产量逐年上升,并逐步达到最高值。这表明鲜食杏树已进入盛果期。在盛果前期,树体结果量增大,枝条生长逐渐减少,生殖生长大于营养生长。到了中、后期,结果部位逐渐外移,树冠下部枝条开始光秃,果实产量开始下降,容易形成周期结果或大小年结果现象。

(2)盛果期的修剪任务 盛果期树应在加强肥水管理的基础上,通过合理的修剪来维持比较旺盛的树势,调整结果与生长的关系,延长盛果期的年限,实现丰产和稳产。

(3)盛果期的修剪技术

①通过短截,不断地增加新枝,以求获得稳定的产量,同时,对各主侧延长枝和其他骨干枝进行短截。剪截量应该控制在原枝的 1/3～1/2。

②疏除树冠中、下部极弱的短果枝和枯枝,留下强枝。对留下的长果枝,也要进行适当的短截。

③疏除树冠中、上部的过密枝、交叉枝和重叠枝,以增加树冠内膛光照。

④进一步更新结果枝组,对连续几年结果而又表现出极为衰弱现象的枝组,可以回缩到延长枝的基部,或多年生枝的分枝部位,促使基部枝条旺盛生长,形成新的结果枝组。

⑤盛果期后期,由于果实重压,常使主枝角度开张或下垂,因而在主枝背上易萌发直立的徒长枝。当枝条长到40～50厘米时,应进行夏季摘心,以促其当年形成分枝。也可在冬剪时短截,将其培养成结果枝组。对树冠外围发生的下垂枝,一般可回缩到一个向上的分枝处,以抬高角度。

4. 衰老期的修剪

(1)鲜食杏树衰老期的生长特点　杏树逐渐老化后,其生长的枝叶和所开的花,绝大部分在树冠的顶部和外围。每年新枝的生长量小,有的仅有3～5厘米。而树冠内膛及中下部的枯枝量增多,枝条细弱。花芽瘦,退化花比例大,落花落果现象严重,果实小而质量差。

(2)衰老期的修剪目的　进行鲜食杏树的衰老期修剪,其目的在于复壮更新树体和重新培养结果枝组,故又称为复壮修剪。

(3)复壮修剪技术

①**主要是回缩**　回缩程度要依据树龄、树势和管理水平而定,一般复壮修剪要进行2～3年,才能完成。

第一,去掉树冠内所有多余的、分布不合理的、有病虫害和受损伤的枝条,使树势有所恢复。

第二,回缩衰弱的多年生枝,一次性回缩到三年生至四年生枝上,甚至到五年生至六年生的枝条基部。如果树体不很衰老又有良好的生长条件,回缩修剪要加重,依赖生命力强的枝条,尽快恢复树势。复壮修剪应与结果修剪配合进行,以提高其开花结果力。

回缩宜在早春进行,以利于伤口的愈合和潜伏芽的萌发。大的伤口要削平,同时涂上油漆或接蜡,予以保护。不论何种复壮修剪,都必须在灌溉和施肥的基础上进行。否则,易于造成树体的死亡。

②**修剪新枝**　对回缩以后萌发出的新枝,进行有针对性的修剪,即进行整形修剪和护理修剪,这样经过 2～3 年可恢复到有经济产量的程度。

(六)对不同枝条的修剪

1. 生长枝的修剪

鲜食杏一年生生长枝,经轻剪长放能增加其枝叶量,进而增加其生长势。但易出现枝条下部光秃,结果部位外移的现象。因而对旺盛的一年生枝条,要进行拉枝和开张角度,以缓和枝条的顶端优势,克服或减缓结果部位外移。

2. 结果枝的修剪

(1)长果枝　着生在任何部位的长果枝均可选留。枝条过密时,可适当疏除直立枝,留下平斜枝。疏枝时不要紧贴基部疏除,而是留 2～3 个芽后重短截,使其萌发小短枝、多花短果枝和花束状果枝,以留做预备枝。长果枝短截一般留 7～10 个花芽,但剪口芽必须是叶芽。

(2)**中果枝** 无论任何部位的中果枝均要保留。一般不要疏除中果枝。短截中果枝时,一般留5~6组花芽。剪口处保留叶芽,使之结果后仍能发出枝条,以便将其培养成结果枝组,切忌缓放。否则,形成串花,结果后会枯死。

(3)**短果枝** 对短果枝,可留3~5组花芽后剪截,但剪口芽必须为叶芽。如果短果枝上无侧生叶芽,全是花芽时,则不要短截,要将其全部保留。短果枝如着生密集,可适当疏除。疏枝时,可保留1~2个基芽,以作预备枝。

(4)**花束状结果枝** 只能疏密,不进行短截。

(5)**徒长性果枝** 这类结果枝生长旺盛,消耗营养多,但座果率低。若经过合理修剪,可形成较理想的结果枝组。剪截时,一般可留9~12组花芽,并配合以夏季摘心,促其形成结果枝组。

3. 结果枝组的修剪

结果枝组是直接着生在主、侧枝上的独立结果单位,直接影响着座果与产量。在对鲜食杏的整形修剪中,如果忽略结果枝组的培养与更新,则易导致树冠内膛枝条的衰亡,结果部位外移,产量下降等不良后果。

(1)**各类结果枝组的形成** 结果枝组是由发育枝、结果枝、徒长性果枝和徒长枝等组成,经过数年的剪截后,促生分枝,产生长短不同的结果枝,形成结果的主要部位。结果枝组可分为大、中、小三种类型。其形成过程分别如下:

①**大型枝组** 选用生长旺盛的枝条,如徒长枝、徒长性果枝和长果枝,留7~15节后短截,促使其萌发分枝。第二年对其萌发枝留3~5节后短截。对其余的枝条可适当疏除和短

截。这样,经过 3～4 年即可形成大型结果枝组。大型结果枝组至少要有 15 个分枝点。

②小型枝组　选用一般健壮的枝条,留 3～5 节后短截,促其分生 2～4 个健壮结果枝,即成小型结果枝组。小型结果枝组要具备 2～6 个分枝点。

③中型枝组　选用一生长健壮的枝条,留 5～7 节后短截,使其分生 3～5 个健壮枝条。第二年再实行轻剪,延缓其生长势,促发分枝,使其形成花芽。到第三年,即可形成中型结果枝组。中型结果枝组要具有 7～11 个分枝点。

不同类型的结果枝组各有利弊。小型结果枝组形成快,结果早,能安排在较小的空间。其不足之处是寿命短,多属于临时性枝组。大、中型结果枝组分枝点多,长势强,寿命也长,属于永久性枝组,其缺点是形成较慢。

(2)结果枝组的培养方法　培养结果枝组,通常有先重后轻、先轻后重和冬夏剪结合三种方法。

①先重后轻　即先进行重短截,促生分枝,然后再去强留弱,采用放缩结合的办法,培养成枝组。这样的枝组结构紧凑,长势强,不易出现只在枝条上部形成几个次级枝条,而下部芽眼不萌发的"光腿"现象。同时,可通过调整芽位,把枝组引到预定位置,有目的地进行安排。

②先轻后重　即将一枝条先缓放,后回缩,以巩固所形成的枝组。此法是将枝条缓放后,在枝条前端长出 1～2 个长枝,在后部长出中短枝。第二年再在二年生枝部位回缩,除去强旺枝,再中剪中短枝,即可培养成枝组。此法培养的枝组结果早,生长势弱,但枝组不紧凑,易出现"光腿"。对旺枝采用此法,可以缓和枝势,提早结果。

③冬夏剪相结合　于 5 月下旬至 6 月上旬,当直立旺长

的新梢,长到20～25厘米时,留15～20厘米后短截,促发二次梢。当二次梢长到15厘米时,进行第二次摘心,可促使三次梢出现。然后,促使枝条充实和老熟。冬剪时,在三次梢基部瘪芽处短截,或在分枝处缩剪,即培养成中、小型枝组。

以上三种培养枝组的方法,要因品种、树势和枝势而定,灵活运用。对幼旺树及萌芽力、成枝力强的品种,应以先轻后重方法为主,结合运用先重后轻法,培养结果枝组。对一母枝来说,强枝应用先重后轻法为主,中庸枝和弱枝以运用先轻后重法为主。

(3)**结果枝组的配置**　大型结果枝组,主要排列在骨干枝背上,并向两侧倾斜,也可配置在背下。中型结果枝组,配置在骨干枝的两侧,或在大型枝组的中间。小型结果枝组,可安排在树冠的外围、骨干枝背后以及骨干枝背上直立生长,做到有空就留,无空就疏。

在整个树冠上,枝组以向上倾斜着生为主,直立着生、水平着生为辅。向上着生的枝组,要随时抬高枝条的角度,缩剪更新复壮。枝组在树冠上的分布密度,要冠上稀,冠下密,以便利于通风透光和保持骨干领导枝的生长优势。

(4)**有区别地进行修剪**　鲜食杏结果枝组的修剪,既要注重当年结果,又要预备下年结果,使强枝多留果,让弱枝回缩更新,及时复壮。重点在枝组下部多留预备枝,使结果部位降低,并以靠近骨干枝为最好,从而增强结果势头。

结果枝组的延长枝,要选留枝组顶端的斜生枝,使其不断改变延伸方向,做到弯曲向上生长,以抑制上强下弱的趋势。

对结果枝组的强旺中长结果枝,要予以长留,以加大结果量,削弱其生长势。对衰弱的结果枝,要少留花芽,重剪截,使其少结果,以便恢复树势。

4. 下垂枝的修剪

幼树的下垂枝易成花,早结果,座果率高。盛果期树以斜生枝生长势稳定,形成花芽质量高,座果率高。衰老期树是直立枝易成花。因此,下垂枝的修剪原则为:①幼树应利用下垂枝结果,采用中剪,剪留长度为 20～25 厘米,剪口留上芽,以抬高枝条角度。②衰老期树,在回缩下垂枝时,要留向上的芽和枝条。所留的芽体要饱满,枝条要健壮。以抬高下垂枝角度,恢复树体生长势,提高结果能力。

5. 二年生弱枝的修剪

当一年生枝抽不出长枝或座果率下降时,说明枝条的生长势已经降低,枝条也已减弱。因此,要及时回缩。回缩部位应在二年生枝上,选留一壮芽或旺枝重剪,所选留的壮芽或壮枝,应该是向上生长的芽或枝。

九、鲜食杏园的地下管理技术

(一)土壤管理

良好的土壤结构,是保持肥水、改变"花而不实"、产量低而不稳和大小年结果现象的主要技术措施。实践证明,加强鲜食杏园的土壤管理,改善和满足树体生长和结果所需要的土壤条件,既可明显增加产量,又可提高果实品质。

1. 深 耕

杏树为深根性树种。随着树龄的增长,根系扩展很快,根系吸收营养的范围也不断扩大。因此,年年深耕,可以改变土壤结构,保持土壤的通透性,增强保肥、蓄水能力,提高土壤肥力,有利于加速杏树根系生长。

深耕可在春、夏、秋季进行,但要因地制宜。一般来说,秋季深耕更为有利。因为秋季伤根以后,有利于根系的恢复和愈合,并促发新根。同时,秋季深耕,可消灭越冬病虫害,降低翌年的危害基数。秋季深耕,土壤经过冬、春的冻融,可加速其熟化。秋耕一般在9～11月份,即土壤结冻前进行。春耕在2～4月份,即土壤化冻后进行。翻耕深度,一般以20～40厘米为宜。

2. 扩树盘

扩树盘,也是一种深翻的方式。是在单株四周、树冠边缘垂直的地面上挖环形沟。又称深翻扩穴。也可以在行间挖条沟，每年改换方向和位置，若干年后可将全园翻一遍。

挖沟时，沟的深度为 60～80 厘米，宽度为 30～50 厘米不等。注意不要切断粗根。表土与底土要分开放置。回填时，将表土和树叶、杂草、秸秆或其他农家肥掺和在一起，放入沟内的下半部，将底土放在沟的上半部，然后浇水沉实（图 42）。

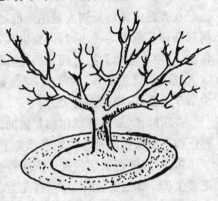

图 42　扩树盘

3. 中耕除草

中耕除草的目的，是疏松表层土壤，切断毛细管，减少土壤水分蒸发，保墒增温，防止杂草与杏树争肥争水。中耕除草，大多在雨后或浇水后进行，有时也和间种作物管理同时进行。

中耕深度以 10 厘米为宜。一般早春中耕宜深，约为 20 厘米，以提高地温。初夏宜浅耕，为 10 厘米左右，以除草和降低地温。初秋宜深耕，为 20 厘米左右，以切断杏树表层根，促使根系向深层发展。在秋季，中耕除草也结合深翻、扩穴进行。

在山地和没有水浇条件的地方，春季土壤化冻后，在株间或行间浅耕或浅耙，可保墒，提高地温，促进根系活动，是有效的抗旱措施。

4. 杏园间作

在杏树定植以后到大量结果前,特别是在栽后头 2 年内,树冠和根系范围均较小,行间空隙大。这时,可在行间种植间作物,以便有效地利用行间地面。这既可增加前期杏园的经济收入,收到"以短养长"的效果,又可减少和防止水土流失,减少杂草的蔓延,提高土壤肥力。

杏园间作,要坚持以作物养树的原则,因地制宜地选择间种作物。对所选间种作物的要求如下:

第一,以矮秆植物为宜。所间种的作物,应不影响幼树的正常生长。如豆类、小麦、药材、花生、甘薯和绿肥作物等。

第二,间种作物不得与杏树有相同的病虫害。

第三,间种作物不得与杏树有相同的生长发育需肥期,以免与杏树争肥争水,影响杏树的生长。

第四,种植间种作物时,要留足树盘。间作物应与杏树保持一定的距离。在杏树定植当年间种作物与杏树应保持 60～80 厘米,第二年要保持 100 厘米以上。以避免与树体争肥,争水,争光,和带来病虫害。

5. 杏园覆盖

在杏树行间或株间地面上覆盖稻草、其他农作物秸秆、落叶和塑料薄膜等,对土壤有保墒、增肥的作用,因而地面覆盖是土壤管理的重要抗旱措施。

土壤覆盖,可以减少土壤水分的散失,起到保墒作用,并抑制杂草的生长,保持土壤的通透性。所覆盖秸秆等有机物质,经过 1～2 年腐烂后,结合深翻土壤,埋入地下,可增加土壤中有机质含量。

杏园覆盖,要因地制宜。如河北、山东及河南等省的麦产区,可以麦秸为覆盖物;山区、丘陵等地可用杂草或绿肥作物作覆盖物。在甘肃及陕西等省的黄土高原一带,果农有在杏树下地面铺一层 5～15 厘米的河沙或粗砂与砾石混合物的习惯,果农称之为"沙田",以便保墒和提高温度。

(二)施肥技术

合理施肥,可促进树体生长健壮,花芽分化充实,增加完全花比例,提高座果率,减少落果,延长结果年限。使杏园丰产,稳产。

1. 鲜食杏对氮、磷、钾三元素的要求

(1)氮(N) 氮是杏树生长、结果不可缺少的营养成分。施入足量的氮肥,可使杏树枝叶繁茂,叶厚浓绿,促进花芽分化,增加果实产量。当杏树缺乏氮时,就会出现生长势弱,叶片小而薄,叶色淡而黄的现象。在叶片中原来氮含量低于 1.73% 时,随着氮素含量的增加,其完全花比例、座果率和产量也会随之增加。当叶片中的氮素含量由 2.4% 提高到 2.8% 时,其产量可以翻一番。当叶片中氮素含量提高到 3.3% 时,杏树的结果情况最理想。但是,当杏树中的含氮量超过一定值时,则会引起中毒现象的发生。中毒的杏树,其叶片由暗绿色变为蓝绿色。到生长后期,其叶片边缘发黄,并逐渐扩展到叶肉,出现不规则的坏死斑,两边向上卷起,最后大部分脱落。

(2)磷(P) 磷参与核酸和蛋白质的合成,是生殖器官中的主要成分。杏的叶片、果实和杏仁中也含有较多的磷。

杏树缺乏磷时,树体生长缓慢,枝条纤弱,叶幅变小,叶色

变成深灰绿色,花芽分化不良,座果率低,产量下降,果个变小。当叶片中的磷[指五氧化二磷(P_2O_5)]含量由 0.2% 增加到 0.4% 时,可以使杏产量明显增加。

磷对氮素有明显的增效作用。施氮肥时,配以适量的磷肥,对杏树的生长发育、花芽分化和抗旱抗寒性均有良好效果。

(3)**钾(K)** 钾不是植物体的组成成分,但参与植物体的主要代谢活动,促进叶片的光合作用、细胞的分裂、糖的代谢和积累,能提高鲜食杏的果实品质。因此,钾同氮、磷一样,是杏树不可缺少的营养元素。

杏树缺乏钾时,叶片小而薄,呈黄绿色,叶缘上卷,叶尖焦枯。严重时,全树呈现焦灼状,甚至枯死。此时叶片中钾的含量低于 1.2%。若叶片中钾(指氧化钾 K_2O)的含量保持在 3.4%~3.9%,即可连年获得较高的产量。

杏树叶片中氮、磷、钾的含量,与土壤中的氮、磷、钾含量有密切的关系,从叶片分析中所得出的数据,可以推测出其在土壤中相应含量的多少,并可以此作为施肥的依据。但是,叶片中的氮、磷、钾含量,因品种、树龄和季节的不同而有变化,这是应当加以注意的。

根据进行时间的不同,杏树的施肥可分为基肥和追肥。

2. 基 肥

(1)**基肥的作用** 基肥是树体生长、发育和结果的基础肥料,含有丰富的有机质,可以在较长时间内供给树体有机营养和无机营养及微量元素,为树体的开花、结果及恢复树势打下基础。

(2)**常作基肥使用的肥料** 通常当做基肥使用的肥料,有腐熟的鸡粪、厩肥、堆肥、鱼塘泥、人粪尿、羊粪及动物屠宰场下脚料等。

(3)施基肥的时间 一般在入冬之前,土壤没有结冻时施入。我国北方地区以 9～11 月份为宜。由于杏树休眠期短,根系活动早,给它施基肥也宜早不宜晚。

(4)施基肥的方法 杏树的根系强大,分布范围广而深。所以,施基肥时应该略深一些,一般为 40～60 厘米。施肥区域要大于树冠的外缘。常用的施肥方法如下:

①沟施:在树冠下不同的方位挖掘宽 50 厘米左右、深40～60 厘米的沟,将肥料和表土充分混合后施入沟底,然后回土填平。其优点是有利于改良全园土壤,扩大根系分布范围。根据施肥沟形状的不同,沟施可分为环形沟施、放射沟施和条沟施三种(图 43)。

环形沟施肥　　　　放射沟施肥　　　　隔行条沟施肥
图 43　基肥沟施的方法

环形沟施:在树冠的外围挖环形沟,一般与深翻、扩穴施肥相结合。每年随着根系的扩大而相应地外展施肥沟。

放射沟施:在树冠下距树干 1 米左右处,由里向外挖掘6～8 条里浅外深的放射状施肥沟。每年要变换沟的位置。

条沟施:在杏树行间或株间开沟,每年应变换位置。

②全园撒施:将肥料均匀撒施在行间地面上,结合秋耕或

春耕翻入地下,深度为20厘米左右。其缺点是肥料施入较浅。但若与沟施结合施用,交替变换,则可使肥料发挥更大效能。

(5)**基肥施用量**　基肥的施用量,应根据树龄、树势、结果量、土壤状况和肥料性质而定。一般"斤果斤半肥",以株施30~100千克为适。

3. 追　肥

(1)**追肥的作用**　追肥又叫"补肥"。是在杏树生长期间,为弥补基肥施用的不足而进行的。主要是为促进当年壮树、优质和高产,以及第二年的开花结果补充养分而施肥的。

(2)**追肥的种类**　如表12所示。

表12　杏树追肥的时期、作用及肥料

追肥时间	作　用	所用肥料
花前肥	促使开花整齐一致,提高座果率,减少落花落果,促进新梢和根系的前期生长	在春天解冻后进行,以速效氮肥为主
花后肥	补充杏树开花后树体所消耗的营养,供给落花后幼果迅速膨大,新梢、枝叶开始旺盛生长所需要的大量营养	以速效氮肥为主,并结合施用少量的磷、钾肥
花芽分化肥	补充花芽分化以前果实膨大和枝叶生长所消耗的大量营养,既促进果实发育,又利于花芽分化	在果实的膨大期和硬核期,分两次施速效氮肥和磷、钾肥

追肥时间	作　用	所用肥料
催果肥	促进果实在采收前 15～20 天第二次速长,有效地提高产量和质量	施速效磷钾肥,并结合施氮肥
采后肥	及时弥补果实成熟后树体所消耗的大量营养,防止树势减弱,促进枝条的充实和后期的花芽分化	追施速效磷钾肥为主,配合施用少量氮肥

(3)追肥的时期　追肥时间主要根据杏树生长发育的不同阶段而确定。

(4)追肥的方法　在生长季追肥,可采用穴施或灌溉施肥两种方法。

①**穴　施**:即在树冠外围至树冠下,均匀挖 8～12 个小穴,穴的大小为 10～15 厘米见方。穴挖好以后在其中撒施化学肥料,然后用土填平即可。

②**灌溉施肥**:将肥料放入水中溶解,结合浇水灌溉,施入土中。这种方法能保护土层,肥料利用率和效率高。

(5)追肥量　追肥量可根据当年的产量和树龄大小而定。一般来说,幼树少施,大树多施,每年施入量以 2.5～5 千克/株为宜。

(6)肥料种类　追肥一般采用速效肥料,常用化肥和经过腐熟的人粪尿、草木灰等各种肥料,以便树体迅速吸取和利用。生产上,常用有机肥料中的氮(N)、磷(P_2O_5)、钾(K_2O)含量见表 13。

表 13　常用的有机肥养分含量　（占鲜重％）

名　　称	有机物	氮 (N)	五氧化二磷 (P_2O_5)	氧化钾 (K_2O)
人粪尿	5～10	0.5～0.8	0.2～0.4	0.2～0.3
猪圈粪	25	0.45	0.19	0.6
马厩肥	25.4	0.58	0.28	0.53
牛圈粪	20.3	0.34	0.16	0.4
羊圈粪	31.4	0.83	0.23	0.64
鸡　粪	25.5	1.63	1.54	0.85
高温堆肥	24.1～41.8	1.05～2	0.3～0.82	0.47～2.53
一般堆肥	15～25	0.4～0.5	0.18～0.26	0.45～0.7
炕　土		0.28	0.38	0.76
垃　圾		0.18	0.42	0.29
草木灰			2.1	4.99
胡麻饼		5.19	2.81	1.27
玉米秸		0.60	0.20	0.60

　　给鲜食杏施肥时,常用化肥的养分含量及使用要点见表 14,常用微量元素肥料及施用要点见表 15。

表 14　常用化学肥料养分含量及使用要点

种类	名称	化学分子式	养分含量(%)			性质和特点	施用技术要点
			氮 (N)	五氧化二 磷(P_2O_5)	氧化钾 (K_2O)		
氮肥	氨水	$NH_3 \cdot H_2O$ 及 NH_4OH	12~16			液体,呈碱 性,易挥发, 腐蚀性强	在旱地可作 基肥和追肥。要 开沟深施
	碳酸 氢铵	NH_4HCO_3	16.8~ 17.5			易吸湿分 解,挥发性 强,有氨味	深施覆土。作 基肥追肥均可
	硫酸 铵	$(NH_4)_2SO_4$	20~21			生理酸性 肥料,吸湿性 小,易溶于水	作基肥、追肥 均可。要深施。 在酸性土壤中 应配合有机肥 或石灰施用
	硝酸 铵	NH_4NO_3	34~35			吸湿性强, 易结块,为生 理中性肥料	适于各种土 壤,不宜与易燃 物一起存放
	尿素	$CO(NH_2)_2$	45~46			中性肥料, 有吸湿性	施后浇水。可 作基肥追肥,也 可作叶面喷肥
磷肥	过磷 酸钙	$Ca(H_2PO_4)_2$ $\cdot H_2O$		12~18		有吸湿性 和腐蚀性,有 酸味,溶于 水,呈酸性反 应	可作基肥、追 肥。要深施。适 于中性、酸性土 壤,可作叶面喷 肥

种类	名称	化学分子式	养分含量(%)			性质和特点	施用技术要点
			氮(N)	五氧化二磷(P₂O₅)	氧化钾(K₂O)		
磷肥	钙镁磷肥	α-Ca₃(PO₄)₂		14～18		不溶于水,不吸湿,不结块,呈碱性反应	适用于酸性土壤,可作基肥深施
	磷矿粉	Ca₅F(PO₄)₃		14 以上		形状似土,不吸湿,不结块,有光泽	适用于酸性土壤,作基肥。可与有机肥料堆沤施用。后效期长,3～5 年施用一次
钾肥	硫酸钾	K₂SO₄			48～52	易溶于水,吸湿性弱,为生理酸性肥料	可作基肥追肥。要适当深施。与磷矿粉混用,可提高磷的利用率
	氯化钾	KCl			50～60	易溶于水,吸湿性弱,为生理酸性肥料	与硫酸钾用法相同,忌氯作物不宜施用
	草木灰	主要 K₂CO₃ K·SO₄K₂SiO₃			5～10	溶于水,呈碱性反应,含有磷及多种微量元素	可作基肥追肥及叶面喷肥,但不可与人粪尿混用
复合肥	磷酸铵	NH₄H₂PO₄＋(NH₄)₂HPO₄	12～18	46～52		酸性,性质稳定,易溶于水,有一定的吸湿性	可作基肥和追肥
	磷酸二铵	(NH₄)₂HPO₄	21	53		碱性,性质不稳定	可作基肥和追肥

| 种类 | 名称 | 化学分子式 | 养分含量(%) | | | 性质和特点 | 施用技术要点 |
			氮(N)	五氧化二磷(P_2O_5)	氧化钾(K_2O)		
复合肥	磷酸二氢钾	KH_2PO_4		24	27	酸性,吸湿性弱,易溶于水	多作0.2%～0.3%浓度根外追肥
	磷钾复合肥			11	3	与钙镁磷相似	宜作基肥,早施比集中施好
	硝酸钾	KNO_3	13		46	中性,吸湿性小,水溶性	宜作追肥,可喷施
	氮钾复合肥	$(NH_4)_2SO_4$＋K_2SO_4	14		16	中性,吸湿性小,易溶于水	可作基肥追肥
	三元复合肥		10	10	10	中性,有吸湿性,氮为水溶性,磷为弱溶性	同其他复合肥

表 15 常用微量元素肥料及施用要点

种类	名称	主要化学成分	含量(%)		性状及特点	施用技术要点
硼肥	硼砂	$Na_2B_4O_7 \cdot 10H_2O$	B	11	白色晶体及粉末,在40℃水中易溶	1. 可作基肥和追肥,用量为0.5～1千克/667平方米,最好与有机肥混用
	硼酸	H_3BO_3		17.5	液体	2. 可根外追肥。在花期使用浓度为0.1～0.25%

种类	名称	主要化学成分		含量%	性状及特点	施用技术要点
钼肥	钼酸铵	$(NH_4)_6Mo_7O_{24}\cdot 4H_2O$	Mo	50～54	青白、黄白色结晶,易溶于水	1. 可作基肥和追肥,用量为 30～200 克/667 平方米,与磷混用效果好 2. 根外追肥浓度为 0.02%～0.05%
	钼酸钠	$Na_2MoO_4\cdot 2H_2O$		35～39	白色结晶,易溶于水	
锌肥	硫酸锌	$ZnSO_4\cdot H_2O$	Zn	35～40	白色淡橘红色结晶,易溶于水	可作基肥和追肥,施量为 0.5～2.5 千克/667 平方米。最好与有机肥混用。也可喷施。在发芽前喷施,浓度为 0.5%,夏季喷施浓度为 0.05%～0.2%
	氯化锌	$ZnCl_2$		40～48	白色结晶,易溶于水	
	氧化锌	ZnO		70～80	白色粉末,不溶于水	只作基肥
锰肥	硫酸锰	$MnSO_4\cdot H_2O$	Mn	24～28	粉红色,易溶于水	作基肥和追肥,施量为 1～4 千克/667 平方米,喷施时浓度为 0.05%～0.1%
铁肥	硫酸亚铁	$FeSO_4\cdot 7H_2O$	Fe	19～20	淡绿色结晶,易溶于水	1. 用 0.3%～1% 硫酸亚铁溶液注射树干 2. 根外喷施浓度为 0.2%～1%
	硫酸亚铁铵	$(NH_4)_2SO_4$ $FeSO_4\cdot 6H_2O$		14	淡绿色结晶,易溶于水	
铜肥	硫酸铜	$CuSO_4\cdot 5H_2O$	Cu	24～25	蓝色结晶,易溶于水	作基肥时每 667 平方米用 1.5～2 千克。隔 3～5 年进行一次根外喷施,浓度为 0.02%～0.4%。使用时要加入少量石灰,以防止发生肥害。对杏树使用要慎重

4. 根外追肥

又叫叶面喷肥。是将营养元素(化学肥料)配制成一定浓度的溶液,然后将其直接喷施到叶片、嫩枝和果实上的施肥方法。其优点是省工,省肥,收效快,浪费少,方法简便。有时可与杀虫剂和杀菌剂混合使用。但喷施复合肥料时,应进行田间叶面试验,防止发生烧叶或肥害。

叶面喷肥不能代替土壤施肥,只能作为土壤施肥的一种补充方式,但可以和土壤施肥配合施用。常用叶片喷肥的种类及浓度见表 16 和表 17。

表 16 叶面喷肥的时间、作用及所用肥料

时　间	作　用	所用肥料
萌芽前 (3 月上旬至 4 月上旬)	防止黄叶病和小叶病	硫酸亚铁,硫酸锌
花芽萌动期至盛花期 (4 月中旬至 5 月上旬)	促进花芽后期分化,提高完全花率和座果率	尿素,硼砂,硼酸,磷酸二氢铵
座果期至果实膨大期 (5 月上旬至 5 月下旬)	提高座果率,促进果实膨大,防止黄叶病和小叶病	尿素,硫酸亚铁,硫酸锌
硬核期 (6 月上旬至 6 月下旬)	提高果实质量,促进果实内含物的积累和花芽分化	尿素+过磷酸钙,草木灰,磷酸二氢铵,磷酸二氢钾
杏果肉由绿变黄期 (6 月下旬至 7 月中旬)	加强果实内含物积累,促进花芽分化	过磷酸钙,草木灰,磷酸二氢钾,磷酸二氢铵
杏果采收后至落叶前 (7 月下旬至 10 月下旬)	保护叶片,增强叶片光合能力,促进花芽分化,提高花芽质量和树体抗寒性与抗旱性	尿素,草木灰,磷酸二氢钾,磷酸二氢铵

表 17　叶面喷肥常用肥料的使用浓度

名　称	使用浓度	名　称	使用浓度
尿　素	0.3%～0.5%	磷酸二氢钾	0.2%～0.3%
硫酸铵	0.2%～0.3%	氯化钾	0.4%
腐熟人粪尿	10%	硫酸钾	0.3%
磷酸铵	0.5%～1%	硝酸钾	0.5%～1%
过磷酸钙浸出液	0.5%	草木灰浸出液	4%

叶面喷肥要选择湿润无风的天气进行。干燥、炎热的中午,刮大风天和水分蒸发快的天气,均易引起肥害,不能进行叶面喷肥。

(三)浇水技术

杏是耐旱树种,但合理而适时的浇水,不仅可以使杏树增产,还可延长树体寿命。尤其是在丘陵山地,多由于缺乏水源而只能靠天等雨,来供给杏树水分,因而果实产量低,质量差。因此,灌溉便是使鲜食杏能丰产优质的重要保证。

1. 一年中的浇水次数

鲜食杏在一年中的浇水次数,依树体生长物候期和降水量而定。在"三北"地区一般一年为 4 次。其具体情况如下:

第一次,在杏花芽开始萌动期,即 3 月底至 4 月初(一般为花前 15 天)。这次浇水,可保证杏树开花整齐一致和枝条顺利生长,提高杏树座果率,防止落花落果。同时可推迟开花 2～3 天,有利于避过晚霜危害。

第二次,在杏果硬核期,即 6 月上中旬。此期正是花芽分化盛期,也是鲜食杏的需水临界期。若此期干旱少雨,则会引起大量生理落果,并影响第二年的花芽形成,对当年和第二年的杏果产量均有不利影响。

第三次,在杏果采收前后,即 7 月中下旬。这次浇水,可以保证花芽正常分化和枝条的生长、老化与成熟。如果此期多雨,可不浇水。

第四次,在杏果采收前后。这次是结合施基肥浇封冻水。尤其是在冬季少雪地区,浇封冻水可以提高花芽抗寒力和花芽分化质量。

2. 浇水方法

(1)树盘浇灌法 在树盘一侧开一明渠,逐树地向树盘浇水。此法适于水源比较充足的地区。用水量大,但易于浇透,效果较好。

(2)穴灌 此法宜在水源不便、浇水困难的地方采用。在树冠下挖 6～10 个小穴,穴深 30～50 厘米,上口直径为 30 厘米,下口直径为 40 厘米。灌水后,在树盘内覆盖地膜,也可用落叶或杂草将灌水穴盖严,以便下次再灌或截流雨水时用。

(3)喷灌法 利用机械将水喷到空中,使之形成细小雨滴,进行"人工降雨"式灌溉。此法省水省工,保肥保土,有改善小气候的特点。也可将它与喷洒农药、化肥等结合进行,只需调节小喷头,使喷肥喷药与喷灌一起进行。

(4)滴灌法 滴灌系统由控制头、主管道、侧管道、阀门和滴头部分组成。其工作要点是,使每个滴头能滴出等量的水。一般成年树设 4～6 个滴头,幼树 2～3 个滴头。

滴灌能使全树根部范围内的土壤或部分土壤,达到或接近田间土壤的持水量。因为当树体顶部有水时，全株几乎均可达到相同的水分状况，如果1/4的根系不缺水，则全株树体也不缺水。

(5)塑料袋简易滴灌法 河北省怀安县安辛屯村民，根据滴灌原理，创造了简易滴灌法，使用后效果明显。其方法是：选用一个可装30～50升水的不漏水塑料袋（可用化肥袋），袋长100厘米左右，宽45厘米。在其内注满水，在袋口处扎入一根直径为3毫米、长10～15厘米的塑料管，要将塑料袋口与塑料管用细绳扎紧，使水不从边缘向外漏出而可从管中渗出，渗出速度为110～120滴/分钟为宜（大约每天可滴出8～9升水）。滴水管出水口应剪成马蹄形，以防止其被土壤堵塞。

在杏树边缘，挖深40厘米、口径为50厘米的长方形坑，坑的底部外低内高，有25°的倾斜角。然后将装水的塑料袋放入坑内，使塑料水管朝下，用土埋好，使水滴出后正好在根系能吸收的范围内。水袋上要用其他东西覆盖起来，以防止直接盖土压破塑料袋并防止被阳光直晒，使水温升高。

采用此法，一株树用4～5个塑料袋，隔1个月左右更换一次，一年换两次（雨季到来后可不再使用），可保证一年内杏树不需浇水。此外，袋内可放入0.3％～0.5％的尿素水溶液，可代替追肥。

十、主要病虫害及其防治技术

(一)病害防治

1. 杏疗病

杏疗病,又叫红肿病、王八叶和娃娃病,普遍发生于杏产区。

【症　状】　主要危害新梢和叶片,有时也危害花和果实。病菌以菌丝体在芽内越冬,第二年抽生新梢后,才表现出症状。

①新梢患病状:被害新梢生长缓慢,节间缩短,幼叶簇生,严重时干枯死亡。

②叶片患病状:杏树感染这种病以后,被害病叶初期为暗红色,明显增厚,呈肿胀状,后逐渐变成黄绿色,与正常叶片有明显区别。后期变成黑褐色,干缩在枝条上,经冬不落(图44)。

③花朵患病状:花朵被侵染后,花萼肥厚,开花受阻。花瓣和花萼不易脱落。

④果实患病状:幼果受害后,生长停滞,干缩脱落。

【发病规律】　杏疗病的病菌以菌丝体在芽内越冬。第二年带有病菌的杏树开花萌芽后即出现危害。主要危害幼嫩叶片,多集中于春季。新梢长到10～20厘米时,症状最明显,以后则很少发生。

被害新梢病叶簇生状

图44 杏疔病

【防治措施】

①清理杏园：于落叶后至萌芽前，在杏树冬剪时，剪除病枝、病叶，集中烧毁和深埋。

②药剂防治：落叶后至萌芽前，树体全面喷布5波美度石硫合剂。

③销毁病枝：生长季内及时剪除病枝，集中烧毁或深埋，但必须在雨季前进行完。连续进行3～5年，即可消灭此病。

2. 细菌性穿孔病

该病主要危害叶片和一年生枝，在平原地区、山沟及空气湿度较大的地方普遍发生。严重发生时，会造成叶落枝枯，严重削弱树势。

【症　状】

①叶片患病状：初期，在病叶叶脉处出现水浸状不规则圆斑，圆斑扩大后，即变成红褐色，但圆斑周围呈绿黄色。最后病斑干枯脱落，形成穿孔。若同一叶片上有多个病斑，则形成较大的穿孔，严重时引起树体落叶（图45）。

②枝条患病状：枝条染病后，春季在一年生枝上，有水浸状小疱。小疱呈褐色，长圆形；当小疱围绕枝条一周后，枝条则

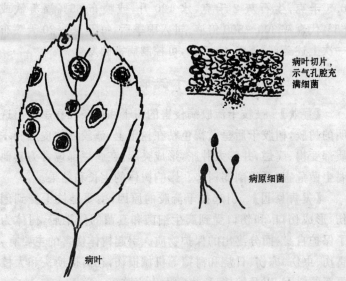

病叶切片，示气孔腔充满细菌

病原细菌

病叶

图45 细菌性穿孔病

枯死。夏季，在当年生梢上，以皮孔或芽为中心，形成水浸状紫褐色斑点。然后逐渐扩展成圆形斑，病斑凹陷，边缘有树胶流出。病斑失水干缩后发生龟裂，当多个病斑相连接，围绕枝条一周后，枝条即干枯死亡。

【发病规律】 病菌在病枝上越冬，第二年借风雨传播，从叶片、枝条表面上的皮孔侵入。在干旱月份发病较轻，甚至不发病。7～8月份的高温梅雨季节，最适于病菌蔓延。如遇高温连阴雨天气，发病最重。

【防治措施】

①落叶后，清扫果园内枯枝落叶，将其烧毁或深埋。

②冬剪时，剪除病枝，并将其清出果园。

③落叶后或萌芽前，树体喷布一次5波美度石硫合剂。

④展叶后，在进入雨季前喷布锌灰液，其配方为：硫酸锌

0.5千克,生石灰 2 千克,水 120 升,或喷布 65%福美铁或
65%代森锌 300～500 倍液。进入雨季后,每隔 15～20 天喷布
一次上述药剂,连喷 4～5 次,可控制病害的发生。

3. 枝干流胶病

【症状】 被枝干流胶病侵害的树干和枝条在春季流出透
明的树胶,树胶干后呈黄褐色粘在树干上,流胶处的皮层和木
质部变褐、腐烂,并膨大肿胀,形成突起。在腐烂部位常为其他
腐生菌危害,严重削弱树势。影响树体的生长和结果。

【发病原因】 引起枝干流胶的原因,主要是枝干受到创
伤,形成伤口,和伤口受到腐生细菌和真菌的侵染后,树体为
了保护自身,而分泌出的保护物质。引起树体伤害的主要有:
雹伤、虫伤、冻伤、日烧和碰撞等机械损伤,在高接换头和大枝
更新的树上,以及嫁接口,也常发生流胶。

【防治办法】

①在修剪时要适当轻剪,避免造成枝干上的大伤口。尤其
是在树干上疏大枝时,要保留根枝,分次疏除。

②在高接换头和大枝更新后,对萌发的新枝不要一次疏
除太多,以免发生日烧,造成流胶。对嫁接口要涂抹油漆或铅
油、接蜡等,以保护嫁接口免受病菌感染。

③对大剪口和锯口,要涂以铅油、接蜡等防腐剂,以保护
伤口不受感染。

④及时消灭枝干害虫,如红颈天牛和桑天牛等蛀干害虫,
防止在枝干上造成伤口,引起流胶。

⑤在杏树行间进行间作时,要远离树干,防止犁铧、铁锹
等利器碰伤树皮,造成伤口。

⑥要合理地选用农药,防止发生药害。在早春萌芽前要喷

布 5 波美度的石硫合剂,以防止流胶病。生长季禁止使用波尔多液,以免造成铜离子中毒。

⑦树体落叶后,刮除老树皮,将树干涂白。增强树干的新陈代谢能力及树体的抗性,有利于防止流胶病的发生。

4. 褐腐病

杏褐腐病,又叫灰腐病和实腐病,是果实的主要病害之一,也危害叶片、花及新梢。

【症　状】

①果实患病状:杏果近成熟时,最易感染此病。发病初期为圆形的褐色斑,然后扩展到全果,使果肉变褐和软腐。病斑上有圆圈状白色霉层,后变成灰褐色,因此又叫灰腐病。此病发生时,伴有香气。病果大部分腐烂后失水干缩,变成黑色僵果,挂在树枝上,经冬不落(图 46)。

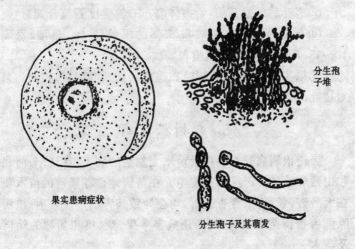

分生孢子堆

果实患病症状

分生孢子及其萌发

图 46　褐腐病

②叶片患病状：被害幼叶,初期边缘有水浸状褐斑。以后扩展到全叶,叶片逐渐枯萎,但枯萎后不脱落。

③花朵患病状：花朵被害后花器变成黑褐色,并枯萎或软腐。干枯后残留在枝上。如遇阴湿天气,也可出现灰白色霉层。

④枝条患病状：被害枝条初期为长圆形灰褐色溃疡,病斑边缘为紫褐色,中间凹陷,并伴有流胶现象。后期病斑绕枝一周,枝条枯死。

【发病规律】 褐腐病菌主要在僵果和病枝上越冬。第二年春天,病菌借风雨传播,由皮孔或伤口侵入杏树体的被害器官。一般在低温高湿的环境条件下发病,最适宜的发病温度为 $20℃\sim25℃$,相对湿度在 85% 以上。

【防治措施】

①杏树落叶后,及时清理杏园,摘除僵果,剪除病枝,集中烧毁,以消灭病原菌。

②落叶后或发芽前,给树体喷布 5 波美度石硫合剂。

③在幼果期给杏树喷布 65% 的福美锌 400 倍液,每隔 $10\sim15$ 天喷布一次,连续喷布 3 次。

④果实采收后,给杏树喷布退菌特的 800 倍液,控制病菌对枝叶的感染。

5. 杏树根腐病

杏树根腐病是杏幼树及苗木上发生的病害,在辽宁、河北和山西等地的杏产区均有发生。在苗圃地重茬繁殖的苗木和在大龄杏树行间培育杏苗时,均会导致病害的严重发生。该病除危害杏树苗木及幼树外,还危害苹果、梨、桃和葡萄的幼树及苗木。

【症　状】

①根部患病状：杏根腐病菌通过雨水及土壤传播，先从须根侵入。发病初期染病须根出现棕褐色圆形小斑。随着病情的加重，病斑扩大连接成片，并传染到与之相连或相近的主根上，侧根和部分主根开始腐烂。这时韧皮部变褐，木质部坏死、变黄或腐烂。如果地上部出现相应的病变时，则病情已十分严重，病斑已扩散到侧根和部分主根。

②地上部表现症状：患根腐病的杏树，其地上部的表现症状，有以下类型：

一是叶片焦边型。这类发病缓慢，只在当年生新梢上出现症状。其表现为叶尖和叶边缘焦枯，而叶片中部保持正常绿色。病株树势衰弱，生长缓慢。病情严重时，叶片变黄脱落。这类病树生长结果还比较正常，一般不易引起注意。

二是枝条萎蔫型。病株萌芽后，前期生长正常，但新梢长到 10 厘米时，部分新梢的叶片则向上卷曲，叶片小而色淡，生长势逐渐减弱。新梢抽生缓慢，继而弯曲，扭曲缓慢生长。叶片表现失水症状，2～3 天后，叶片凋萎枯死。这种类型的根腐病比较常见，容易引起注意。

三是凋萎猝死型。这种类型主要发生在 7～8 月份的高温多雨季节，发病迅速。一般在春季，枝梢生长结果正常，到夏季高温多雨季节后，突然全株枯死。这种类型的病株危害程度大，来得突然，难以抢救，但所占比例小。主要发生在重茬苗圃地。

【发病规律】　杏树根腐病在地上部表现症状的时间，一般从 5 月上旬开始出现，一直延续到 8 月中下旬。发病初期首先是病株部分新梢萎蔫下垂，继而叶片失水或焦枯，3～5 天后重病树部分或全部青枯，叶片提前脱落，严重者树体死亡。

在苗圃地内发生时,造成苗圃内苗木成片死亡,降低育苗效果。该病菌潜伏期较长,虽然在苗圃内染病时不发病,而在定植后则会发病,为建园和生产造成严重损失。在树势旺盛,土肥水管理条件好时,树体不发病。一旦树势衰弱,土肥水管理技术跟不上时,则发生病害。因此,该病多发生在衰老杏园及管理粗放、树势衰弱的杏园内。

【防治措施】

①该病害主要发生于重茬苗圃地和在杏树行间培育的苗木上。因此严格禁止重茬育苗和大树行间育苗,可有效地防止这种病害的发生。

②杏苗木调引和栽植前,要进行苗木消毒。可采用浸根或全株浸泡的方法进行消毒,常用药剂有 4 波美度的石硫合剂,或硫酸铜 100～200 倍液,或代森氨 100～200 倍液。消毒时,将苗木根系浸泡 5～10 分钟,浸药时要均匀和周到。

③对病树用药灌根。如果已发病植株是大树,则在树冠下距主干 50 厘米处挖深、宽各为 30 厘米的环状沟,在沟中注入杀菌剂,然后再将原土填回沟中。如果是幼树,可在树根范围内,用铁棍钉眼,深达根系分布层,在眼中注入药剂。如果是苗木,可用喷雾器沿垄顺株喷药,重点喷布根颈部位,使药液渗入地下。常用药剂为:2～4 波美度石硫合剂、硫酸铜 200 倍液、代森铵 200 倍液。大树用量为 15～20 升/株,幼树用量为5～10 升/株。

对重病区的幼龄杏树,可采用轮流用药的方法进行治疗。即在 10 月中下旬对当年发病植株,用硫酸铜 200 倍液灌根。第二年 6 月中下旬后,用 45%的代森铵乳油 200 倍液灌根。进入高温多雨季节后,用 2～4 波美度的石硫合剂灌根。在落叶前后及第二年春季再次灌药。如此连续治疗,效果很好。

④提早预防。对有根腐病史的杏树植株,可在 4 月下旬至 5 月上旬,用硫酸铜 200 倍液等药剂灌根。在发病区培育的苗木,栽植前进行消毒处理,栽植后再进行灌根预防,可有效地预防病害发生。

⑤在加强病害防治的同时,要减少结果量,增加肥、水量,加强地下管理,以增强树势,提高树体的抗病能力。

6. 杏疮痂病

杏疮痂病主要危害果实,造成果面龟裂,使之粗糙,不能食用。同时,也危害叶片和新梢,使叶片早落,新梢枯死,严重时整株树死亡。

【症　状】　疮痂病危害果实,也危害枝条和叶片。

①危害果实状:此病多在果实肩部发生。发病初期,果面出现暗绿色圆形小斑点。随着果实的膨大,病斑扩大,颜色加深,逐渐变为褐色和紫红色。当果面变黄,果实接近成熟时,病斑上出现紫黑或红黑霉状斑点。严重时,数个病斑连成一片,果面粗糙,形成龟裂。在成熟果上,所表现的病症,一是病斑呈片状,为灰褐色,果皮不规则开裂,流胶;二是病斑也呈片状,为深灰褐色或灰色,形成介壳状突起的木栓块。木栓块脱落后,形成不规则的凹坑。三是病斑呈圆形,黄褐色,稍凸起。四是病斑也呈圆形,深褐色,稍凹陷(图 47)。

②危害叶片状:叶片的发病情况与果实相似。以后病斑逐渐变成紫红色,形成穿孔,严重时引起早期落叶

③危害枝梢状:枝梢发病初期,出现椭圆形淡褐色小斑点,到秋季发展成长 10 毫米、宽 5 毫米的凹陷黑褐色病斑。数块病斑连成片后,可使植株上部枝梢枯死。

发病严重的植株,在当年 7～8 月份全部落叶,引起第二

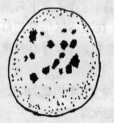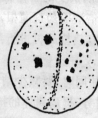

果实上的病斑

分生孢子及分生孢子梗

图47 杏疮痂病

次发芽,严重削弱树势。如果连续2～3年发病,可导致根系腐烂,全株枯死。

【发病规律】 杏疮痂病是由真菌引起的病害。病菌以菌丝体在病枝中越冬,第二年春天借风雨传播。该病潜伏期长,初侵染对杏树危害最大。初发病在5月份,发病盛期为6～8月份。

该病在雨水较多的春季和初夏发病重,水地比旱地重,树冠下部果比上部果发病重,树冠郁闭、通风条件不好的果园,比树冠合理、通风良好的果园发病重。根据杏疮痂病的这一发作特点,在对其进行全面防治时,要注意抓好病重部位和病重时期的防治工作。

【防治措施】

①避免在地势低洼、通风条件不好的涝洼地建园。

②选择合适的密度和树形。一般株行距以2～4米×4～6米为宜。选用的树形应通风透光良好,如疏散分层形或延迟开心形等。

③合理修剪,适量留果,剪除病枝。

④在早春萌芽前,喷布5波美度石硫合剂,或0.3%～

0.5％五氯酚钠与 3～5 波美度石硫合剂的混合液,或 1：1：120 倍的波尔多液。

⑤从落花后到 6 月份,每半月喷布一次杀菌剂,共喷 4～5 次。常用杀菌剂为:80％代森锰锌可湿性粉剂 400～600 倍液,1：2：200 硫酸锌石灰液,65％代森锌 500 倍液,50％福美锌 500 倍液,50％～80％多菌灵 600～800 倍液,0.2～0.3 波美度石硫合剂。以上药剂要交替使用,避免使病菌出现抗药性。

(二)虫害防治

1. 杏球坚蚧

杏球坚蚧,又名树虱子,是杏树的主要害虫。该虫主要吸食树体汁液。树体受害后,树势衰弱,产量下降,受害严重的树体枝干枯死。

【形态特征】
①雄成虫:头部、胸部呈红褐色,腹部为淡黄褐色,尾部有交尾器一根,介壳为长椭圆形,呈半透明状。

②雌成虫:体外有半球 形介壳。介壳初期柔软呈黄褐色,后期变为硬壳,呈紫褐色,其上有光泽。依附在枝条上。

③卵:椭圆形,白色半透明,初孵化时为粉红色。

④若虫:为长椭圆形,背面褐色,有黄白色花纹。腹部呈淡褐色,足和触角完全,有尾毛两根(图 48)。

【生活习性及发生规律】 该虫在北方地区一年一代,以二龄若虫在枝条背阴面的芽基、裂皮缝处越冬。第二年 3 月下旬至 4 月中旬,越冬若虫开始活动,刺吸枝条汁液,对树体危

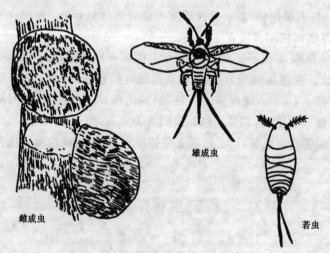

雄成虫

雌成虫

若虫

图48　杏球坚蚧

害很大。被害枝梢,冬春季节易失水干枯,造成树势衰弱,严重时甚至整株树失水枯死。4月中旬到5月上旬,雌成虫虫体膨胀,雄成虫在由蜡质形成的壳内化蛹,5月上旬至5月下旬开始羽化,羽化后,立即和雌虫交尾。之后,雄虫死去。雌成虫则开始分泌粘液,并形成硬的介壳。同时在介壳内产卵,卵经过10天左右孵化成若虫。孵化盛期为5月下旬至6月上旬。孵化的若虫爬出介壳,很快分散到幼嫩枝条上为害。至9月下旬,若虫可形成介壳,并在壳内越冬。

【防治措施】

①早春萌芽前,对树体细致周到地喷布一次5波美度石硫合剂或5%的柴油乳剂,以消灭越冬若虫。

②开花前,越冬若虫全部出蛰后,喷布3波美度石硫合剂,防治效果可达90%～95%。

③人工刮除。在杏树开花前后,到雌成虫迅速生长分泌粘

液时,用铁刷子刮刷杏树枝干,去掉虫体。刮刷时,不要遗漏了枝干的分杈处。

④在幼虫孵化初盛期(5月下旬至6月上旬)和幼虫孵化末期,各喷布一次杀虫剂。喷用药剂为:0.3~0.5波美度石硫合剂,50%的马拉硫磷400倍液,25%的亚胺硫磷300倍液;2.5%溴氰菊酯乳油3 000倍液;10%氯氰菊酯800~1 000倍液;25%西维因可湿性粉剂400倍液等。

⑤涂药环。在5月下旬至6月上旬,在树干上距地面15~20厘米处,刮除一圈老皮至刚见白茬为止,宽度为15~20厘米。刮后立即涂药,然后用塑料布包裹。常用药剂有:40%氧化乐果3~5倍液,25%久效磷50倍液,40%甲胺磷5~10倍液。

⑥保护和放养天敌。黑缘红瓢虫为杏球坚蚧的主要天敌,其捕食量很大,而且黑缘红瓢虫的羽化时间与杏球坚蚧孵化出壳时间基本相同。因此,杏球坚蚧的化学药剂防治应以春季为主,到生长季则慎重用药,以免伤害天敌。注意保护和人工放养黑缘红瓢虫。当杏球坚蚧与瓢虫比例小于50∶1时,可不用药剂防治。

2. 红颈天牛

红颈天牛,又叫红脖老牛和钻木虫,是危害枝干的主要害虫。它危害枝干后,造成树洞,引起流胶,削弱树势。同时枝干易被风吹折。严重时,会造成死枝死树。

【形态特征】

①卵:为长椭圆形,乳白色,长约1.5毫米。

②幼虫:乳白色,老熟后稍带黄色,长约50毫米。头小,前胸宽。前半部体节为长方形,后半部体节为圆筒形。

③蛹：黄褐色，前部背板两侧各有一刺状突起。

④成虫：全身黑色，有光泽，只有前胸背部呈棕红色。雄成虫触角为体长的1.5倍，雌成虫触角比身体略长。触角均呈鞭状，有蓝色光泽（图49）。

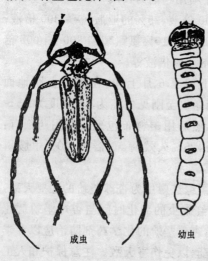

成虫　　　　幼虫

图49　红颈天牛

【生活习性及发生规律】　在北方地区，红颈天牛经过2～3年完成一代。在6～7月份进入雨季开始出现成虫，以雨后最多。成虫多栖息在枝干上，受惊后则飞走或落于树下。成虫交尾后在树皮裂缝处或枝杈处产卵。成虫寿命10多天，卵期为10天左右。幼虫孵出后随即钻入皮下蛀食。幼虫在木质部内向下蛀食一蛀道，并且每向下蛀食一段后，即向外蛀一排粪孔，排出红褐色粪便，同时伴有流胶。幼虫老熟后即在蛀道内化蛹，羽化为成虫。

【防治措施】

①在成虫产卵前，将大枝和树干上涂刷白涂剂，尤其是在树杈处要涂厚些，以阻止成虫产卵。

②坚持每年早春刮除一次老树皮，使树皮保持光滑。裂缝浅而细小，不利于成虫产卵。

③在成虫产卵前，用甲胺磷300倍液，或氧化乐果200倍

液涂树干,以触杀虫卵。

④在虫道灌注杀虫剂。生长季要经常检查树体,如发现有新鲜排粪孔,可用泥土封住上部的排粪孔,在最新一个排粪孔内,用注射器注入敌敌畏 500 倍液,或甲胺磷 800 倍液,或氧化乐果 600 倍液,注满为止。也可在排粪孔内填塞浸泡三硫磷 50 倍液的棉球,或 56% 的磷化铝颗粒剂 0.8 克,或放入樟脑球 1.5 克,然后用泥堵住虫孔,樟脑球在虫道内挥发出毒性较大的萘,起到熏杀作用。

⑤虫孔注射汽油。发现虫孔后,先用铁丝把蛀孔内的虫粪清除干净,用 2 毫升的注射器把汽油注入蛀孔内,再用黄泥将蛀孔封死。一般在 6 月中旬至 7 月中旬出现幼龄幼虫时,每孔注入汽油 0.3 毫升;7 月上旬至 8 月中旬出现大龄幼虫时,每孔注入汽油 0.5 毫升;7 月下旬成为老龄幼虫以后,则每孔注入汽油 1 毫升。如发现处理后的虫孔继续排出粪便,则应补注一次。

⑥掏幼虫。将钢丝钩伸入排粪孔内,尽量进到底部,转动钢丝。当发现钢丝转动声音由清脆变沉闷时,说明已钩住幼虫,即可轻轻拉出。然后用泥堵死蛀孔。

⑦在 6~7 月份成虫羽化期,利用成虫在枝条上有中午静休的特点,采用人工捕捉方法消灭成虫。此法在雨后较易进行。

⑧在成虫产卵期,根据其产卵习性,及时刮除虫卵。

3. 桃　蚜

桃蚜,又叫蜜虫和腻虫。其危害树体主要是吸食汁液,削弱树势。

【形态特征】

①卵：椭圆形，初期为绿色，后期变成漆黑色。

②若虫：与无翅胎生雌蚜相似，虫体较小。

③成虫：有无翅蚜和有翅蚜，并有胎生和卵生之分。有翅蚜与无翅蚜的特征如表18所示。

表18　有翅蚜与无翅蚜的特征比较

	有翅蚜	无翅蚜
胎　生	雌蚜头胸部为黑色，腹部呈暗绿色；翅透明，翅展6毫米，蜜管长	雌蚜长约2毫米，肥大，呈绿色或红褐色
卵　生		基本同胎生

桃蚜的有翅胎生雌蚜、无翅胎生雌蚜和若虫的形态如图50所示。

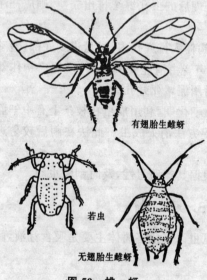

有翅胎生雌蚜

若虫

无翅胎生雌蚜

图50　桃　蚜

【生活习性及发生规律】　桃蚜在北方地区一年发生13代之多，以卵在枝杈、老翘皮和芽鳞处越冬。自3月下旬至4月中旬，越冬卵开始孵化若虫。若虫群集在幼芽、嫩叶处为害，成虫和老龄若虫在叶背处为害，并进行无性繁殖，由雌蚜直接胎生无性蚜，基本上每隔10～15天繁殖一代。

　　蚜虫在吸食叶片汁液时,分泌出蜜状粘液,使叶片出现不同程度的卷曲,新梢生长受阻或停滞。

　　一般自 5 月上旬后,随着气温的升高,桃蚜繁殖最快,并产生有翅蚜,飞行扩大危害面。直到 9～10 月份,有翅蚜才飞到芽鳞处产卵越冬。

【防治措施】

　　①清理果园,结合修剪剪除有卵枝条,以减少虫口密度。

　　②在蚜虫危害前期,即未出现卷叶之前,叶面喷施 50% 久效磷 1 000 倍液。如在药液中加入中性洗衣粉或中性肥皂,还可兼治桃粉蚜。

　　③喷施洗衣粉 800 倍液。

　　④用 50% 的久效磷 50 倍液涂毒环。开花后,在树干上刮除一圈老粗皮,至见到白绿色为止,环宽为 5～10 厘米,之后立即涂药一圈,用塑料薄膜包扎。

4. 山楂红蜘蛛

　　山楂红蜘蛛,又叫红蜘蛛和火龙,主要危害杏树叶片。被害叶片初期沿叶脉处有失绿斑痕,然后叶背变成暗褐色,进而变脆,呈焦枯状,最后干枯早落,严重影响树势,导致减产。

【形态特征】

　　①卵:呈圆球形,极小,有光泽。

　　②幼虫:乳白色,圆形,有 3 对足。

　　③若虫:卵圆形,呈深绿色,有 4 对足,能吐丝。

　　④成虫:雄成虫体色淡黄,体较小,约为 0.4 毫米。雌成虫体色朱红,有冬型和夏型两种,夏型比冬型稍大,体长约为 0.6 毫米(图 51)。

雌成虫　　　　　　　　雄成虫

图51　山楂红蜘蛛

【生活习性及发生规律】　山楂红蜘蛛在北方地区一年发生6～9代,以受精雌成虫在树干老粗皮、树杈裂缝、树下土块、落叶杂草丛中及树上芽鳞等处越冬。越冬成虫于杏树芽体膨大、吐绿时(3月下旬至4月上旬)开始出蛰。出蛰成虫先在花萼、嫩芽处为害,展叶后移到叶背吸食汁液,吐丝结网。5月下旬至6月上旬,成虫进入产卵盛期。卵多产于叶背部的叶脉两侧,10天后孵化成幼虫,幼虫蜕皮成若虫,若虫活动性强,爬行取食,再蜕皮成成虫。6月中旬至7月上旬,是第一代雌成虫出现盛期。6月上旬至7月下旬,气候高温低湿为其繁殖盛期,发生数量及代数,随着气温的增加而迅速增加。若气温降低或遇狂风暴雨,则其繁殖受到抑制。9月份出现越冬雌成虫。叶片出现枯黄时(10～11月份),雌成虫全部进入越冬状态。

【防治措施】

①秋季落叶后,清理果园。将园内树下的枯枝、落叶、杂草等全部清理干净,以消灭越冬成虫,减少虫口密度。

②进行园地或树盘耕翻,可将在杂草落叶中的越冬雌成虫埋于地下,使之致死。

③在冬季及早春刮除树干、大枝及枝杈处的老粗皮,刮到"露红不露白"的程度,将刮下的老树皮收集起来集中烧毁,可

消灭越冬雌成虫。

④在萌芽前,树体喷淋 5 波美度石硫合剂,消灭越冬成虫。

⑤用药剂涂干。在树干主枝及分枝下部,刮除老粗皮见白,其宽度与干径相同,然后将药剂涂在刮皮处。药剂被吸收后随树液运输到树上枝叶处,使山楂红蜘蛛吸食树体汁液后中毒而死。常用药剂为乐果和机油按 1:5 的比例配成的混合乳剂。在越冬成虫出蛰期、落花以后和该虫发生盛期各涂药一次。

⑥将树干涂白。落叶后,在树干及各大枝的主干部位涂白。白涂剂配方为:水 10 份,生石灰 3 份,石硫合剂原液 0.5份,食盐 0.5 份和少量油脂;或水 36～40 份,生石灰 10～12份,石硫合剂 2 份或用原液渣滓 5 份,食盐 1～2 份。将上述成分配合均匀后,即可涂白。

⑦进行药剂防治。在越冬成虫出蛰期和第一代幼虫孵化期喷药,用药剂量为:在出蛰期,喷布 0.3～0.5 波美度的石硫合剂,把成虫消灭在产卵之前。在幼虫孵化期,喷布 73% 的克螨特 2 000～4 000 倍液,或三氯杀螨醇 1 200 倍液加 0.03 波美度石硫合剂,或单喷洗衣粉 800～1 000 倍液,也可杀死虫卵、幼虫和若虫。

5. 东方金龟子

东方金龟子,又叫黑绒金龟子,俗称黑豆虫和黑老婆。主要危害杏树花蕾、膨大的芽体及嫩叶。突发性强,对新植幼杏树危害很大。芽体萌发后,它咬食幼树全部嫩芽,使树体不能正常生长。

【形态特征】

①成虫:体长 7~8 毫米,卵圆形,全身黑色,前胸背板和翅上有很多刻点,有绒毛光泽,为较小型甲虫。

②幼虫:体长 16 毫米,乳白色,老熟幼虫头呈黄褐色,腹部为乳白色。

③卵:椭圆形,乳白色,长约 1.5 毫米。

④蛹:为裸蛹,初期为黄白色,后期为黄褐色,长 8 毫米左右(图 52)。

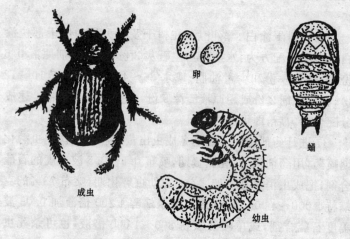

卵

蛹

成虫

幼虫

图 52 东方金龟子

【生活习性及发生规律】 东方金龟子在北方地区一年发生一代,以成虫或幼虫在地下越冬。越冬成虫于 3 月下旬至 4 月上旬树芽萌动时出土。如果环境温度低,则白天出土,晚上又进入土内。4 月中旬以后,随着环境温度的升高,它在傍晚出土取食,白天进入土内。当半旬平均温度超过 10℃,又有一定降雨时,其成虫大量出土为害。通常成虫出土高峰与降雨季节相吻合。成虫出土盛期为 4 月中旬至 5 月中旬,但田间

4～7月份均可发现成虫。成虫有假死性,受震动则坠地装死不动,顷刻后又恢复活动。

越冬成虫在5月下旬交尾。空气湿度大,有利于其交尾活动进行。5月末至6月上旬为它的产卵盛期。卵多产于杂草丛生及地下10厘米深的土层中。卵经5～10天后,孵化出幼虫。

越冬幼虫在4月中旬至5月上旬化蛹,5～6月份羽化,于6月上旬至7月下旬交配、产卵,卵经过10几天后,即孵化出幼虫。

孵化出的幼虫,在地下咬食树根、草根等。幼虫于8～9月份老熟化蛹,在地下蛹室内羽化。成虫不出土,在地下潜伏越冬。没有化蛹的幼虫则以幼虫越冬。

【防治措施】

①利用成虫的假死性,于早晨、傍晚摇树,将其震落后予以捕杀。也可先在树下铺一苇席或塑料布,将震落的成虫收集起来,集中消灭。

②在杏园养鸡,用鸡捕杀成虫或地下害虫。一只成龄鸡可控制杏园内1 500～3 500平方米面积的害虫。

③利用成虫入土潜伏的特性,日出后在树干周围地表20厘米土层内刨寻成虫,予以消灭,效果很好。在沙地或砂壤土杏园刨寻杀灭成虫,比在其他土壤杏园上更为理想。

④于成虫出土期间,在树盘内撒施毒土。拌制毒土的常用药剂为25%对硫磷胶囊剂,或25%辛硫磷胶剂,50%辛硫磷乳剂,50%甲基异柳磷乳剂,甲拌磷(三九一一)粉剂或颗粒剂。药量为每平方米用原药5克左右。撒时掺入20～30倍的细土,撒后浅锄,使之与土充分混合。相隔10～15天后再撒施一次。

⑤在成虫出土期间,树上喷施75%辛硫磷1 000倍液,或

50%一六〇五的 800～1 000 倍液，或 50%一〇五九的 1 000
倍液，或 50%马拉硫磷 1 000 倍液。用西维因可湿性粉剂
800～1 000 倍液，80%敌敌畏 1 200 倍液，25%对硫磷胶囊剂
500 倍液。以上药剂轮替喷用，杀死上树成虫。

6. 天幕毛虫

天幕毛虫，又叫带枯叶蛾、杏毛虫、顶针虫、粘虫和毛毛虫
等。属枯叶蛾科。它食性很杂，但以食杏叶为主，严重时可全
部吃光树叶，使树势衰弱，造成减产。

【形态特征】
①卵：灰白色，圆筒形。绕枝梢密集排成一卵环，形似"戒
指"和顶针，故又称顶针虫。越冬后的卵环呈深灰色。
②幼虫：初孵化的幼虫全身为黑色。老熟幼虫体背密生
黄褐色毛，故俗称"毛毛虫"。幼虫体背中央有黄白色细线一
条，两侧各有橙黄色细纹两条。体长约 5 厘米。
③蛹：黄褐色，长约 20 毫米，其上有短毛。
④茧：长椭圆形，丝茧黄白色。
⑤成虫：雌成虫体长 20 毫米左右，翅展约 40 毫米，黄褐
色。前翅中央有赤褐色带一条。雄成虫略小，前翅有细横纹两
条，后翅有横纹一条(图 53)。

【生活习性及发生规律】 天幕毛虫在北方地区一年发生
一代，以幼虫在卵壳内越冬。在杏展叶时，幼虫咬破卵壳而出，
群居一处，集中为害。幼虫稍大后，即移向枝杈处，吐丝结网呈
天幕状，故叫天幕毛虫。幼虫白天潜伏在网内，夜间爬出取食。
幼虫蜕皮在网上。老熟幼虫白天群集在树干和枝杈处，受震即
吐丝下垂。到 5 月中旬至 6 月中旬，老熟幼虫卷叶做茧，或将
两片叶网结在一起，或在其他隐蔽处做茧。在茧内化蛹后，经

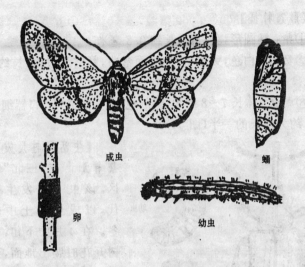

成虫

蛹

卵

幼虫

图 53　天幕毛虫

过 10～12 天,于 6 月上旬至 7 月上旬,蛹羽化为成虫。成虫交尾后在一年生枝上产卵。幼虫在卵壳内发育孵化,并越冬。

【防治措施】

①在冬剪时,剪除一年生有卵枝,以消灭幼虫。

②在早春幼虫孵化后,可用火烧或人工捕杀。

③根据幼虫有受震即吐丝下垂的习性,可震树使老熟幼虫坠落地面,然后将其捕杀。

④在幼虫孵化初期、幼虫上树初期及卷叶前,喷布化学药剂,常用药剂有:90％的敌百虫 1 000 倍液,40％久效磷 800～1 000 倍液,敌杀死 8 000 倍液,或其他胃毒剂,以杀死幼虫。

7. 杏象鼻虫

杏象鼻虫,又叫杏象甲、杏象虫和杏果象虫。属鞘翅目,象鼻虫科。主要危害杏幼果,造成大量落果而减产。

【形态特征】

①卵：椭圆形，乳白色，长约 0.8 毫米。

②幼虫：白色，无足，常向腹面弯曲，紧贴于腹面，长约 6 毫米。

③成虫：体长 7～8 毫米，紫红色，有金属光泽。口器细长管状，约为体长的一半(图 54)。

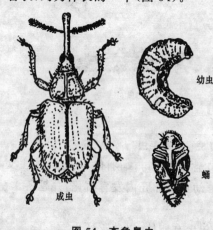

幼虫

蛹

成虫

图 54　杏象鼻虫

【生活习性及发生规律】　在"三北"地区，该虫一年发生一代，以成虫在土中越冬。在 4 月中下旬，杏树开花时爬出地面，到树上咬食嫩芽和花蕾。5 月中下旬，开始在幼果上产卵。产卵前，先用喙将幼果咬一小洞，将卵产在洞内，每洞一粒。之后再将洞堵住，并咬伤果柄，以便使幼果脱落。产卵后，经过 7～8 天，幼虫即可孵化出。幼虫在果内蛀食果肉和果核，引起幼果脱落。老熟幼虫爬出落果后入土化蛹，到秋末羽化成成虫，以成虫在土中越冬，越冬入土深度为 2～5 厘米。成虫有假死性，受惊后即假死落地，片刻之后即爬行飞走。

【防治措施】

①刨树盘：根据一般成虫越冬是在树盘内 2～5 厘米土层内的特点，于落叶后至入冬前耕抠树盘，耕抠深度为 5～10 厘米。通过树盘耕抠，将越冬成虫翻于地表，使之冻死。

②地面撒毒土：早春杏花芽膨大时，在杏象鼻虫出土之前，在树盘内撒毒土。配制毒土的常用药剂为 25% 对硫磷胶囊剂，25% 辛硫磷胶囊剂，50% 辛硫磷乳剂等，拌成含药量为 20%～30% 的毒土。每平方米树盘用 100～150 克毒土，撒匀后松土，深度为 2～3 厘米，使杏象鼻虫出土为害时中毒死亡。

③人工震落：在成虫发生期，于清晨震树，使成虫坠地捕杀。

④捡拾和销毁落果：在幼果生长季内，随时捡拾落果，并集中烧毁或深埋，以消灭果内虫卵和幼虫，减少下一年的虫害。

⑤喷药阻止产卵：在杏落花后一周内的雌成虫产卵期，喷药 1～2 次，阻止雌成虫产卵。常用药剂有：50% 久效磷 800～1 000 倍液，25% 亚硫磷 500～600 倍液，50% 甲胺磷乳油 800～1 000 倍液，40% 水胺硫磷 1 000～1 500 倍液。

⑥贮果场灭虫：杏果采收后，果内部分幼虫来不及离果，则会被带到贮果场，在贮果场内离果入土。因此，贮果场可用水泥铺面，使幼虫不能入土化蛹。如果贮果场是土地面，则贮果结束后要耕翻地面，喷撒毒土，消灭入土幼虫。

8. 桃小食心虫

桃小食心虫，又叫杏蛆、枣蛆、桃小和桃蛀虫等。属鳞翅目，果蛀蛾科。主要以幼虫危害果肉。

【形态特征】

①卵：橙红色，椭圆形，上有条纹和刺毛。

②幼虫：桃红色或橘红色，前胸背板呈深褐色，体长 12～15 毫米。

③蛹：灰褐色，长约 7 毫米。

④茧：可分为冬茧和夏茧。冬茧即越冬茧，扁圆形，长约 6 毫米，夏茧夏天化蛹茧，长纺锤形，长约 13 毫米。茧丝均为丝质，外有土粒。

⑤成虫：体长 7～8 毫米，翅展 14～16 毫米，灰黄色，前翅近中央处有一蓝色大斑块（图 55）。

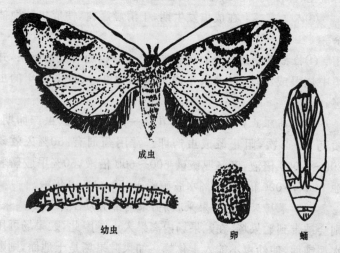

成虫

幼虫

卵

蛹

图 55 桃小食心虫

【**生活习性及发生规律**】　桃小食心虫在北方地区一年发生 1～2 代，以老熟幼虫在土内结茧越冬。越冬幼虫在 5 月中下旬开始出土，6 月上中旬为出土盛期。幼虫出土后先在树干、石缝、杂草根旁结茧化蛹，6 月中旬即有成虫出现，6 月下旬为羽化盛期，并有成虫开始产卵。虫卵多产于杏果梗洼处。6～7 天后，卵即孵化出幼虫。幼虫在果面爬行半小时后，即蛀入果内。幼虫在果肉内边蛀食边排出粪便，严重时杏核附近便是虫粪。20 天后，幼虫老熟离果，落地入土做茧。若此时杏果成熟，有的老熟幼虫便随采收的杏果下树入土。

在 8 月中旬以前离果的幼虫,可进入第二代繁殖。杏果一般在 7 月中下旬采收,因而在杏上为害的桃小食心虫,其第二代便转移到苹果、桃及其他晚熟树种上,在 8 月中下旬大肆为害,9 月上旬后离果入土,做茧越冬。

桃小食心虫的越冬茧,多分布在树干周围 1 米范围内 10 厘米深的土层内,以根颈处为最多。

【防治措施】

①在秋冬深翻树盘,消灭越冬虫茧,翻土深度为 5～10 厘米。

②越冬幼虫出土之前,即 5 月上中旬,在树干周围覆盖地膜,使越冬幼虫出土后不能化蛹而死亡。

③越冬幼虫出土之前,在树盘内垫土,厚度为 5～10 厘米,阻止越冬幼虫出土,使之窒息而死。

④在幼虫出土期,即 5 月下旬至 6 月上旬,在树下地表撒施毒土。拌土用的药剂为 25％辛硫磷胶囊剂,每 667 平方米用纯药 0.1～0.15 千克;或喷洒 50％辛硫磷乳剂,每 667 平方米用纯药 0.2～0.25 千克,或者喷洒其他杀虫剂,以杀死出土幼虫。使用时间,以浇水后或雨后为最好。

⑤于生长季捡拾落果并深埋,或将落果喂猪。

⑥在成虫羽化期,喷布敌杀死 2 500 倍液或 20％速灭杀丁乳油 3 000～4 000 倍液,90％敌百虫 1 000 倍液,可有效地杀死初孵化期幼虫。

9. 杏仁蜂

杏仁蜂,又叫杏仁蛆。属膜翅目,广肩小蜂科。其幼虫主要危害杏仁,引起大量落果,造成严重减产。

【形态特征】

①卵：圆筒形，上尖下圆，中间弯曲，乳白色，长约 1 毫米。

②幼虫：老熟幼虫呈乳黄色，无足，体长 10 毫米左右。

③蛹：为裸蛹，褐色，长 6～8 毫米。

④成虫：体长 7～8 毫米，体黑色，被白色细毛，前翅半透明，后翅透明（图 56）。

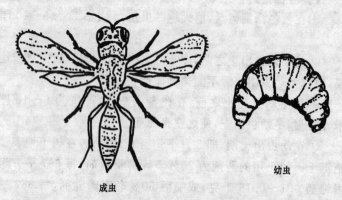

成虫　　　　　　　　　幼虫

图 56　杏仁蜂

【生活习性及发生规律】　　杏仁蜂在北方地区一年发生一代，以幼虫在落果或枯枝上的僵果核内越冬。4 月中下旬，幼虫在杏核内化蛹；4 月下旬至 5 月上旬，在核内羽化为成虫。成虫在核内停留几天后，破核而出。5 月上中旬，当杏树座果后 1 周左右，杏果长到豌豆粒大小时，成虫出土，在太阳升起、温度升高后飞翔交尾。

成虫一般在杏果阳面，产卵于杏仁和核皮之间，每果产卵一粒。一只雌虫可产卵 20～30 粒。产卵孔一般不明显，常伴有流胶出现。卵产后 10 天即可孵化。孵化出的幼虫即蛀食杏仁,造成落果。一般5月中下旬大量落果,6月上旬幼虫老熟,在核内渡夏越冬,到翌年4月中下旬才化蛹、羽化。

【防治措施】

①秋末冬初,深翻树盘土壤,将虫果及果核翻入地下10～15厘米深,使越冬成虫不能出土。

②在成虫出土期,用地膜覆盖树盘地面,以阻止成虫出土产卵。在落花后到杏果豌豆粒大小之前,即可进行覆盖。也可在地膜覆盖之前,先在树盘地面撒放毒土,防治效果更好。

③在幼果生长期到采收前一段时间内,随时捡拾落果,予以深埋或用以喂猪。

④冬剪时,剪除或摘除树上僵果,并予以烧毁或深埋,以消灭越冬幼虫。

⑤成虫羽化期,在地面撒施25%辛硫磷胶囊剂,或给每株树树盘撒施用25%对硫磷胶囊剂配制的20～30倍毒土0.2～0.5千克,或给每株树树盘撒施用25%辛硫磷微胶囊剂配成的10～20倍毒土30～50克,撒后浅耙,使之与土混合均匀,以毒杀出土成虫。

⑥杏树落花后,喷布50%敌敌畏800～1 000倍液,或20%杀灭菊酯5 000～6 000倍液,消灭出土和产卵的成虫。重点喷果。

10. 桃 蛀 螟

桃蛀螟,又名桃斑蛀螟和蛀心虫等,属鳞翅目,螟蛾科。主要以幼虫蛀食杏果肉,使果实变色脱落,或使果内充满虫粪,不可食用,对鲜食杏的产量和质量妨碍很大。

【形态特征】

①卵:椭圆形,长约0.6～0.7毫米,初生出时乳白色,2～

3天后变为橘红色,孵化前又变为红褐色。

②幼虫.老熟幼虫体长约22毫米,头部暗黑色,胸腹部颜色有暗红,淡灰褐和浅灰蓝色等。腹面多为淡绿色,前胸背板深褐色。

③蛹:褐色或淡褐色,长约13毫米。

④成虫:体长10毫米左右,翅长20～26毫米。全体黄色,胸、腹部及翅上均有黑色斑点,前翅有黑斑25～26个,后翅约10个(图57)。

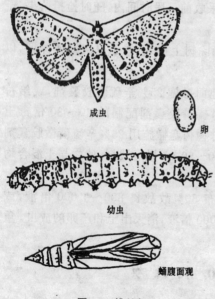

成虫

卵

幼虫

蛹腹面观

图57 桃蛀螟

【**生活习性及发生规律**】 该虫在北方地区一年发生2～3代,以老熟幼虫越冬。越冬幼虫在次年4月间开始化蛹。5月下旬至6月中旬第一代成虫出现。成虫于夜间取食花蜜,有趋光和趋糖醋液的特性。随后产卵,卵期6天。卵多产于果实胴部、果肩及缝合线处。初孵出的幼虫,先蛀食果柄、果蒂基部,并吐丝。蛀食果皮后,从果梗基部沿果核蛀入果心,蛀食幼嫩核仁和果仁。果外有蛀孔,并有流胶及粪便。幼虫老熟后在果内化蛹。第二代成虫出现后,则危害玉米及其他作物。

【防治措施】

桃蛀螟寄主较多,具有转换寄主的特点。在防治时,应以消灭越冬幼虫为主。

①消灭寄主中的越冬幼虫:如将杏园附近的玉米、高粱、向日葵等作物的秸秆和刮除的老树皮,进行集中处理,将其内越冬幼虫消灭。

②诱杀成虫:于第一代成虫发生期,在杏园内点黑光灯或用糖醋液诱杀成虫。

③清整果园:捡拾园内落果,摘除虫果,消灭果内幼虫。

④进行药剂防治:在发现成虫后的7~10天内,在杏园内喷洒农药杀虫。常用药剂有:50%杀螟硫磷乳油800~1000倍液;50%敌敌畏乳剂1000~1200倍液;20%天扫剂乳油2000~3000倍液等。

十一、鲜食杏低产园改造技术

(一)低产杏园的特征

所谓杏树低产园,是指杏果产量连年低于本地区的平均产量或者低于周围同类型杏园产量的园片。根据杏树树龄的不同,又可分为幼龄低产园和老树低产园两种。

1. 幼龄低产园

(1)**衰弱型幼龄低产园**　这种低产园的特征是,刚刚进入盛果期的幼树园,正是产量开始上升的时候,却表现为树势衰弱,树冠矮小,扩展很慢,延长枝的发枝量小,树冠内骨干枝上的结果枝细而弱。因而表现出产量低,效益差。

(2)**徒长期幼龄低产园**　这种低产园的特征是,树体生长比较旺盛,但树型结构不合理,各类枝比例不协调。由主干上分生出来的几个骨干枝直立而强壮,侧枝及结果枝少而细弱,每年开花很多,而结果却很少。

2. 老树低产园

老树低产园的特征是,树势衰弱,几乎没有发育枝和延长枝。树冠中、下部主要枝干光秃,绝大部分结果枝在树冠外围和顶部。结果枝节间短,花芽密集,不完全花比例大,尤其是多年不修剪的树,树冠外部枝条乱生乱长,交叉密集,老枝多而下垂。病虫害严重。

(二)低产杏园的改造技术

对于低产杏园,可根据具体情况,有针对性地采取一定的改造技术,使其恢复和增加产量,提高经济效益。

1. 改善生态环境条件

改善树体的生态环境,是恢复树势,促进老树更新,增加产量的基本措施。

(1)深翻扩穴,熟化土壤,改良土壤结构 在树冠周围或行间挖掘宽 50～100 厘米、深 40～50 厘米的深沟,并将表土与底土分别放置。回填时,每株拌土施入 50～100 千克的农家肥。在缺乏肥料的地区,可以在每株的深沟中放入 20～30 厘米厚的作物秸秆或杂草、落叶等。然后,每株施入 3～5 千克磷酸二氢钾。回填时,先填入表土,再压实和浇透水。经过 1～2 年秸秆腐烂后,土壤肥力和土壤结构与通透性即得到改善。在挖沟时,注意不要损伤 0.5 厘米以上的大根,以免减弱树体生长势。

(2)断根改土,增施有机肥 培养强壮的根群,是树体复壮的基础。对低产杏园深翻改土,增施有机肥,可以提高土壤肥力,并可同时断根,促发新根。其方法为:在树冠边缘以内挖长 60 厘米、宽 80 厘米、深 60 厘米的穴,或深 60 厘米、宽 60 厘米的壕沟,将底土翻出,回填表土。回填时,每株施入绿肥 55 千克或秸秆 40 千克或人、畜粪尿 150 千克或牛厩肥、土杂肥 60～70 千克。在每年施基肥时,要移换位置,以便在 2～4 年内完成树盘深翻改土工作。从而诱发毛细根,增强树势。另外,在秋季深翻和施入基肥后要浇一次防冻水。

（3）**合理追肥**　在深翻改土、增施有机肥的同时,可结合进行物候期的追肥和浇水。一般每年可追肥 4 次。

①**花前肥**　结合浅耕,每株施用碳酸氢铵 1.5 千克,或尿素 0.5～1.5 千克。

②**幼果肥**　每株施用尿素 1～2.5 千克,或碳铵 2～2.5千克,以保果和促进枝梢生长。

③**硬核肥**　每株施用碳酸氢铵 1～2 千克,复合肥 2～5千克,以促进果实膨大和花芽分化。

④**采后肥**　果实采收后,为保证叶片继续进行光合作用,每株施用碳酸氢铵 1～2 千克、磷酸二氢钾 2～5 千克。

在施花前肥、幼果肥和硬核肥时,要结合进行浇水。

（4）**增加浇水次数,提高土壤湿度**　有条件的杏园,每年至少浇两次水,即开花前的春浇和立冬前的秋浇。

没有直接浇水条件的,可采用以下方法提高杏园土壤的湿度:

①树下覆草,增加土壤有机质,保持土壤湿度。

②推广小穴施肥灌水法。在树冠下根群分布范围,挖 8～10 个长 15 厘米、宽 15 厘米和深 20 厘米的小穴,在小穴内追肥和浇水。之后,用稻草填满并用土埋严,以增加土壤湿度。

③在山区,可结合水土保持工程,扩大树盘,拦截天然降水,实行一树一库,蓄水保墒。

（5）**实行坡地治理,营造良好小气候环境**

①**修造水平梯田**　在坡度比较平缓,土层较深厚的坡地,可根据坡向、坡度、坡长及面积,整成若干块水平梯田。首先,在每块梯田的外侧即坡的下方,用土块或石块砌成底宽为50～100 厘米,高为 50～80 厘米的地埂,将上坡的土填到低洼处,然后深翻并整平土地(图 58)。

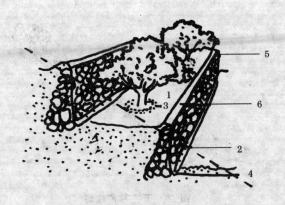

图 58 修造梯田

1. 梯田阶面　2. 背沟　3. 蓄水坑
4. 护坡　5. 梯壁　6. 边坝

②**开等高橡壕**　坡度较陡的山坡地,土层薄,土中石块多,保水性差。在这种陡坡地上,可沿等高线开成 1～1.5 米宽,0.5～1 米深的壕沟。由山坡的下部到上部,一条一条地挖。上一条壕沟的表土及杂草,可填入下边一条壕沟的底部,壕沟心土和石块堆在壕的外沿。上一条壕沟的心土可放在下一条壕沟的表面。等高橡壕开好后,将杏树栽植于壕沟内。但在已建好杏园的坡地挖等高橡壕时,应避免和少伤大根(图 59)。

③**垒树碗,围树盘**　对于栽培在坡地,树体之间较零散,株间相距较大,又不便于整成大块地的杏园,对树盘可因地制宜地逐株合理处理。一是围树盘。如果树下地面没有坡度,就可以在树干周围,用土或小石块围成方形或圆形的树盘,树盘大小略比树冠周围大一些,在树盘内深翻土壤并拣出石块。二是垒树碗。当树下地面坡度较大,存不住地面流水时,可在树干周围用石块砌成树碗,大小与树冠差不多,高度以高出树干地面位置为宜。在树碗里面,铲高填低,设法整平。土不够时,

图 59　开挖等高樑壕

可用旁边地面土找平(图 60)。

(6)**灭草除荒,讲究杏园卫生**　在杏树生长季节,不仅需要良好的通风、透光条件,还需要比较干燥的空气环境。在平地杏园,尤其是密植园,常年杂草丛生,空气湿度大,光照强度低。树冠中、下部的枝条生长纤细,木质化程度差,容易早衰和枯死。同时,还诱发病虫害。因此,灭草除荒是改善环境条件,促使树体复壮的重要措施。

(7)**消灭病虫害**　老树低产园的管理比较差。随着树势的衰弱,病虫害也逐渐严重。常见的病虫害多为蛀干害虫和食叶害虫。例如红颈天牛、杏球坚蚧、朝鲜球坚蚧、桑白蚧、天幕毛虫、刺蛾、舟形毛虫、蚜虫和卷叶蛾等。因此,应根据害虫种类及发生规律,采取积极有效的措施进行防治。具体防治方法参考病虫害防

图 60　修树盘、垒树碗

治部分。

2. 复壮更新技术

对失去了丰产结果能力的老树低产园,利用现有枝条促使其增产,几乎是不可能的。因而必须对老树采取复壮更新的措施,去掉老枝,促使其萌发新枝,重新培养结果枝组。对老树的复壮更新,应根据环境、管理条件、树龄和树势等情况,分别采取弱度更新和强度更新的措施。

(1)弱度更新 去掉 1/3～1/2 树冠上的 3～4 年生骨干枝,同时对留下的枝条进行修剪,去除枯枝和弱花枝,回缩部分结果枝。

(2)强度更新 去掉树冠上原有的骨干枝和结果枝,使其重新萌发新枝和培养结果枝组。操作时应注意,强度更新只限于管理条件好的、又是 30 年以下树龄的树体。这种树体生长旺盛,可采取一次性强度回缩,当年即可萌发出大量的新枝,经过及时的夏季修剪,可初步形成新树冠,效果也较理想。更新时,要根据不同情况,采用不同的修剪方法和更新方法。具体要求如下:

①对初衰弱树内部衰老枝、枯枝、病枝和过密枝,进行疏剪,以减少养分消耗,刺激新梢生长,并改善树体内部的通风和光照条件。

②对中等衰弱树,由于它的部分枝组严重衰弱或枯死,树冠残缺不全,故应适当回缩,剪截光秃、病弱的大枝组,促使剪口下发生强旺徒长枝,以培养成强旺结果枝组。

③对严重衰弱树,由于其主枝枯衰,枝叶稀疏,甚至大枝死亡或折裂,因此回缩时,剪留部位应在主枝或主干的完好部位。如果树干完好部位较高,还有一定的树冠,可逐级回缩,以

维持少数的产量。对多主干的树,可分批回缩,并使其剪锯口位置高低交错开,使更新的树冠呈立体结构。对处理后的大伤口,要涂抹保护剂。

④放任生长的低产大树,在整形修剪时,要注意以下问题:

第一,要随树做形,因树修剪。不要过分强调树形,锯除大枝不宜过多,以免影响产量和妨碍恢复树势。

第二,一次不要锯除大枝过多,避免因伤口过多而招致病害的蔓延。

第三,在同一株树上,如果一次去除大枝过多,应适当多留中小型枝或枝组,以维持树体地下和地上部的水分养分平衡,并避免日灼伤。

第四,随着树体的衰老,外围枝易下垂,因而在修剪时应注意保留背上枝或上芽,以抬高枝条角度,有利于恢复树势。

第五,在修剪时,首先要彻底清除病虫枝和枯死枝。对内膛促长枝要加以利用,以培养成结果枝组或主侧枝更新树冠。

3. 加密与补植

加密补植,增加单位面积上的鲜食杏树株数,提高土地利用率,尤其是栽植在丘陵山区,或利用荒山上的散生山杏改接的园地,单位面积上杏树株数少。而缺株正是形成单位面积产量低的主要原因。因此补植和加密可充分地利用土地,有效地提高单位面积产量。

（1）加密 一般在稀植杏园内进行,如行距×株距为8~10米×4~6米的杏园,可在行间加植1行,使行距×株距成为4~5米×4~6米。也可在行间加植1行,在株间加植一株,形成4~5米×2~3米的行株距(图61)。

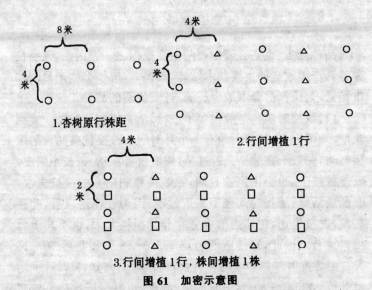

1.杏树原行株距

2.行间增植1行

3.行间增植1行,株间增植1株

图61 加密示意图

注:○为原定植株 △为行间加密株 □为株间加密株

如果原株树冠过大,加密后新加植的幼树完全植于原株树阴下时,则不宜加密。

(2)补植 如果缺株,可在缺株处栽植幼树。在补植时,要避开原来的定植穴,防止出现再植病。如果在原地补植,则应先刨出老根,挖大坑,并用药物消毒,然后换上新土,多施有机肥。常用药物及其使用方法如下:①黑矾,每穴施10~15千克,混入定植穴内。②福美胂,每500千克土用药粉100克。

对加密和补植的苗木,要加以维护。在条件允许的情况下,可采用大苗补植,以缩小树龄差别。对于已经衰老但还有少数产量的杏园,可采用加密和补植同时进行的办法,先在行间定植幼树,加以重点培养。待2~3年后,新树长成并有少许产量时,再将大树间伐掉,利用新树结果。

4. 改换良种

品种低劣,也是杏园低产的主要原因之一。因此,改换良种是低产园改造的主要技术措施。改换时,应根据生产目的和市场需求,选择适合本地生长的丰产、优质的品种。

(1)改接时期 一般在春季进行。从杏树花芽萌动一直到花期,均可进行,其间大约有 1 个月时间。改换优良品种的嫁接时间,一般不宜过早。若过早,树液没有流动,树枝不离皮,既使嫁接上,也会因风吹日晒,导致接穗和砧木的接口失水,降低成活率;嫁接时间也不利于过晚,因为在花落以后,叶芽萌发,发枝迅速,树体内的水分和养分损耗太大,也不利于嫁接口愈合。因此,嫁接适期为花前 10～15 天和花后 10～15 天。因为此时气温和地温回升快,树液流动充分,有时日平均温度可达 25℃～30℃,适宜的温、湿度,可以保证嫁接有较高的成活率。

(2)改接程度 改接换种一般采用一次性高接换头方法。高接部位适合嫁接树龄较小的杏树,在树冠的中上部骨干枝上嫁接。对树龄较长、树冠较大、骨干枝较粗的树体,不宜采用一次性换头方式,但可以结合大树更新复壮,待树体抽出强壮徒长枝后,可选其中比较旺盛的粗壮枝进行嫁接。

(3)嫁接部位 比较合适的嫁接部位在树冠的中下部,树枝接口处粗度以 3.5 厘米为宜。因为杏树的结果部位外移现象比其他果树明显,树膛内部很少结果,甚至有许多结果枝枯死,在主枝、主干的中下部形成光秃。若嫁接部位过高,在树冠的中上部进行嫁接,则等于人为造成结果部位外移;若嫁接部位过低,嫁接在主干、主枝的中下部,其伤口多而且大;如果接口愈合不好,或是接口不平,则易被风吹折。

树体的接头也不宜过多,可随树龄的长短、树冠的大小、主枝的多少与位置,以及嫁接后需培养的树冠类型而定,以求通过改接,形成丰产树型。

(4)**嫁接方法** 改换良种,可采用插皮接、劈接和腹接的嫁接方法。具体用哪一种,可根据嫁接部位的高低、嫁接部位的粗细和树皮厚薄程度而定。

(5)**嫁接技术** 成年杏树经过高接换种,树冠恢复快,第二年即可结果,经济效益高。其具体的嫁接方法如下:

①**四年生以上杏树的改接** 四年生以上的杏树,树体结构已经形成,有了强旺的主枝和侧枝。改接时先在光滑无伤处将主枝和侧枝分别锯掉,保留20~30厘米的残桩,在残桩上进行皮下接或劈接。其操作过程如下:

首先,锯残桩。锯大枝时,先从枝的下方进锯,划破表层并深入一部分木质部后,再改从上方下锯,以免使残桩劈裂。锯断大枝后,再将残桩锯齐,用刀将锯口削平。

然后,进行嫁接。若进行劈接,则用劈接刀从横切面垂直劈下,切口深4~5厘米。取出劈接刀后,用楔子撑开切口,立即将接穗削成4~5厘米长、心部薄、皮部厚的楔形斜面,将其插入残桩(砧木)的切口中,使接穗形成层与砧木形成层对齐,然后拔出楔子,用塑料布将接口和大枝断面包严绑紧,外部再用塑料袋套住,同时在袋内装入湿土,或直接用塑料袋套住接穗。

若用皮下接方法嫁接,则用接刀将大枝残桩皮部自锯口平面向下切一刀,切时稍带木质部,再将皮撬开,然后将接穗削成4~5厘米长的马耳形,沿撬开的树皮将接穗插入其中,使削面紧贴木质部,上边稍留"白茬"。最后,用塑料布包严捆紧。

为了提高成活率,可在每个残桩上多接入几个接穗。换种高接,在花芽开始萌动到盛花期,均可进行。

　　对四年生以上的树,还可进行芽接。其方法是:在冬季或春季将大枝锯掉,夏天在萌发出的新梢基部进行芽接(见育苗部分);在芽接前要对萌发出的枝条进行选择,选择位置适宜,可以形成骨干枝的萌蘖进行嫁接,同时疏除过密的枝条。

　　②四年生以下杏树的芽接　由于四年生以下的杏树,树体结构还未形成,除了采用上述主干和主枝劈接和皮下接外,还可进行夏季芽接,具体方法可参照苗圃内嵌芽接进行。

　　成年杏树经过高接换种,树冠恢复快,第二年即可结果,经济效益高。

(6)接后管理

　　①由于大树进行改接后,去掉了原来的树冠,易于对新嫁接的接穗或接芽形成日烧,因而要进行树干和大枝涂白。

　　②接后立即涂抹接蜡或伤口保护剂,以防止流胶。

　　③对劈接套塑料袋的枝条,在其萌芽后要先剪破塑料袋口进行通风换气,使之适应外界环境。当新梢长到 2～5 厘米时,可除去塑料袋。

　　④接穗和接芽萌发后,应及时防治苹毛金龟子、黑绒金龟子及天幕毛虫等害虫。

　　⑤接穗和接芽萌发后,要及时去除萌蘖,以保证接穗新梢的生长。

　　⑥高接接穗新梢易被风从接口部位吹折。为防止这种现象的发生,可在接穗上绑缚支棍,以保证高接的成功。

　　⑦接穗萌芽后,应及时进行摘心,使其促生二次枝和三次枝。摘心标准为:当新梢长到 30～40 厘米时进行第一次摘心,当二次枝长到 20 厘米时,除顶部延长枝不摘心外,其余全部

摘心。这样,可在形成新的骨干枝的同时,形成结果枝。

(7)高接后的树体管理　高接后的管理,是改换良种高接换头取得成功的关键。必须做到及时管理,促使树体迅速成形,尽早进入结果时期。如果只嫁接,不管理,或粗放管理,或管理不善,均不会有好的效果,甚至会失败。其具体管理技术如下:

①绑支柱　接穗嫁接成活后,接芽萌发并迅速生长,枝叶量增加很快,接口形成的愈合组织承受不了新枝的重量,容易被风吹折。因此,从新芽萌发后,便必须在每个接口处绑缚一根支棍。一般为15~20天。支棍的长度为1~1.5米。绑棍要牢固,不能松动,接口以上的长度应不少于0.8米。

②除萌蘖　高接换头的树体,生长失去平衡,并且经过重回缩刺激,枝干上的许多潜伏芽大量萌发,消耗许多的营养。因此,除萌蘖有利于接芽的生长和接口的愈合。除萌蘖,应做到除小、除早,一般5~7天一次。在生长季连除5~7次,即可控制住萌蘖的滋生。

③拢枝　到5月中下旬,新梢长到50厘米时,可进行第一次拢枝,以减少和避免风折。在支棍上,先将绳系在相当于新枝中上部的位置,以不要上下松动为好。然后,将新枝拢在支棍旁,以既不系死、也不至于过分晃动为宜。当新梢长到1米长时,再进行第二次拢枝。

④剪枝　嫁接后,每个接穗上一般留有3~4个芽,每个芽均能萌发而长成新枝。另外,在新枝上也易长出二次枝和三次枝。因此,若不及时进行适量剪枝,任其生长,就会造成枝条过多,树冠稠密,内部光照条件差的现象,以致枝条生长紊乱,秋后内膛出现大量弱枝和枯枝,不利于树体整形。而且其中许多枝条属于无用枝,因而浪费了树体营养。

在生长季,一般需剪枝2～3次。第一次在接穗萌芽后长到20～30厘米时进行。根据新枝的位置和生长方向,选1～2个生长势强的健壮枝,作为树冠的主枝进行培养,将其余萌发的芽剪去。第二次在枝长60～70厘米时进行,留下4～5个二次枝,进一步培养成侧枝和辅养枝,将其多余的二次枝疏除。

经过2～3次剪枝,可使树形及枝条组成基本形成雏形。

⑤除虫 嫁接成活后,要及时防治杏树害虫。危害新梢的有卷叶蛾和蚜虫,危害叶片的有刺蛾、舟形毛虫和天幕毛虫等,应有针对性地加以预防。具体防治方法,可参考病虫害防治部分的有关内容。

5. 树体保护

保护树体免遭病虫害和牲畜的危害,是保证鲜食杏树体生长健壮、结果正常、丰产稳产的基础。为保护好树体,可采取以下的措施:

第一,于秋、冬、春季节,细致周到地刮除粗树皮,对树干和大枝涂白。

第二,秋季进行杏园耕翻,将越冬害虫翻到地表冻死。

第三,在秋末春初,清除园内枯枝、病枝、落叶及病虫果,夏季清除田间杂草,捡拾病虫果,并结合修剪剪除病虫枝等。

第四,填堵树洞。

第五,在萌芽前喷布5波美度的石硫合剂,喷药量以达到喷淋程度为宜。

第六,于生长季,根据各种病菌、害虫活动规律,及时进行药剂防治。

第七,对满山遍野散生的杏树,要封山禁牧,杜绝"牛剪枝、羊定干"的现象。

十二、鲜食杏的采收与贮运

(一)鲜食杏的采收

1. 采收期

鲜食杏采收的季节性非常强。采收期的情况掌握,与鲜食杏的产量和质量有密切的关系。因此,必须按成熟度的标准和果品的产销与用途的要求,及时采收鲜食杏。只有这样,才能获得理想的经济效益。

鲜食杏果内部物质的积累,与外部形态变化有一定的相关性。一般来说,杏果采收过早,果实色泽浅,酸度大,果肉硬,无香气,品质差,产量低,营养物质积累不充分,达不到鲜食和加工的标准要求;采收过晚,果肉变软,采收时机械损伤会加重,不耐贮运,影响果实的质量。只有适时采收,才能获得丰产、优质和耐贮运的果实。

(1)鲜食杏果的成熟度 按鲜食杏果的用途,可分为三个成熟度:

①可采成熟度 此时果实大小与体积已基本固定,但没有完全成熟,果肉仍较硬,应有的风味、色泽和香气,还没有充分表现出来。

②食用成熟度 果实已基本成熟,表现出该品种的固有色泽和香味,营养成分含量已达到最高点,风味最佳。

③生理成熟度 果实在生理上达到完全成熟,果实肉质

松软，风味变淡，不宜食用，可供采收种子用。

（2）确定鲜食杏果成熟度的方法

①**根据果皮的色泽**　果实成熟时，果皮由绿色或深绿色变成黄色或青白色或红色，即达到该品种的固有色彩。这可作为确定果实成熟度的色泽指标，但不可作为确定果实成熟度的可靠指标。因为色泽的变化，受日光和土壤水分情况的影响较大。

②**根据果肉的硬度**　用果实硬度计测量果实硬度，若硬度降低，则标志果实已开始成熟。

③**根据果实脱落的难易程度**　果实成熟时，果柄和果枝形成离层，稍加触动，果实即可脱落。

④**根据果实的发育天数**　从盛花期到果实成熟的天数叫果实的发育期，每个品种都有固定的发育天数。发育天数够了，果实也就成熟了。

确定鲜食杏果实的适宜成熟度，不能只根据某一个指标来判定，因为果实的性状表现，受环境条件和栽培技术的影响较大。只有根据果实的生育期、色泽、硬度和口味等方面，进行综合判断，才能比较准确地确定鲜食杏的成熟度。

（3）采收期的确定　确定采收期，一方面要根据果实的成熟度，另一方面要看市场或加工需要、运输距离、天气变化和劳力安排等情况而定。

①**鲜食用杏果的采收期**　产、销两地间较近时，杏果所采时的成熟度可高些，采收时间不要提早，使果实的色、香、味都可充分地表现出来，产量和品质均达到最高水平；当产、销两地距离较远时，则所采杏果的成熟度要低些，采收时间要适当早一点，以减少运输途中的损失。

②**加工用杏果的采收期**　由于加工产品不同，其采收期

也不同。但不论加工什么产品,都必须严格掌握适宜的成熟度,根据加工的需要来确定杏果的采收期。

2. 采收方法

鲜食杏汁液多,成熟后果肉特别柔软,稍不注意,极易碰伤。因此,必须严格按采收顺序和采摘方法进行采收。采收时,在同一株鲜食杏树内,应仔细由外向内、由下向上逐个采摘。杏果采摘后放入果篮内时,要避免碰伤,力求使果子完好无损。由于果实的成熟度不一致,采收时可分期、分批进行。

(二)鲜食杏的包装与贮运

1. 分　级

摘下的鲜食杏极易软熟、碰伤,不耐挤压,因此必须及时分级和包装。分级的目的是,按级别标准拣出伤果、病虫果、小果和畸形果,并区分等级。目前,我国尚无鲜食杏的等级区分标准。按国际上的标准,鲜食杏可分为以下三级:

特级果:直径在 4 厘米以上,具有该品种的固有色泽和果形。

一级果:直径在 3～4 厘米,果个、色泽基本整齐一致,没有病、虫、伤果。

二级果:直径 2～3 厘米,色艳一致,没有病、虫、伤果。

2. 包　装

包装鲜食杏时,采用好的包装材料和包装方法,不仅能减少杏果的损失,还可保持其质量,提高市场竞争力。目前,各地的包装材料不尽一样，但以纸箱、木箱和钙塑箱包装较好。对需要长途运输和准备出口的果品，应用特制的瓦楞纸硬壳箱进行包装。包装时，箱内分格，每果裹纸，单独摆放，每箱净重以 5～10 千克为宜。为了便于市场销售，还可进行小盒包装，使之直接到达消费者手中，以减少分装的中间环节，避免造成损害和耽误时间。要尽量避免和减少用竹条或荆条筐装杏果，以免碰伤果面，造成损失。

3. 运　输

鲜食杏采收后，要及时运送到销售地或加工厂，避免发生霉烂变质和造成损失。条件许可时，最好就近销售和加工。

无论采用何种方式运输鲜食杏，在装卸过程中都一定要轻拿轻放。在运输过程中，要做到快装、快运和快卸，并注意通风，防止日晒雨淋。因此，可安排在早晨、傍晚或夜间运送，做到当日采收，当日运送。

运输车辆应保持清洁，不带油污及其他有害物质。最好采用冷藏车运输。进行冷藏运输时，鲜食杏采收后要先预冷至 5℃左右，然后装入冷藏车。运输时间为 2～3 天的，冷藏车内温度要求为 0℃～3℃，运输时间为 5～6 天的，车内温度为 0℃～2℃。

4. 贮　藏

鲜食杏果不耐贮藏，所以要求随采收、随销售、随加工。若在销售前或加工前需要临时贮藏，则一定要把它放在温度较低、湿度适中的条件下，并注意防止日晒雨淋。有冷藏条件的，可将鲜食杏果实放在温度为 0℃～0.6℃，相对湿度为 90％的条件下贮藏，一般可贮藏 7～14 天。

附　录

附录一　"三北"地区鲜食杏周年管理工作历

时间	作业项目	管理工作内容及具体要求
11月份至翌年3月份	1. 冬季修剪 2. 防治病虫害	1. 对幼树,按标准树型要求进行整形修剪,加速树冠扩展 2. 对盛果期树,以控制结果外移为重点,使树体内膛通风透光,实现立体结果,维持中庸树势,延长结果年限 3. 对老年树,利用徒长枝,实现树体的更新复壮,尤其是加强骨干枝和结果枝的更新复壮 4. 冬剪时,剪除杏疔病枝和带虫卵枝,并予深埋或烧毁 5. 用铁刷刷刮树干上的杏球坚蚧和桑白蚧虫体 6. 杏树发芽前,喷布一次 3～5 波美度石硫合剂
3月下旬至4月上旬	1. 树下翻耕 2. 施肥浇水 3. 中耕 4. 花期补肥 5. 授粉	1. 土壤解冻后,及时进行浅耕,以提高地温 2. 在花芽膨大期,地下追施速效氮肥,以补充树体营养,促使花芽开放整齐一致,施肥后,立即浇透水 3. 水渗后,及时进行浅耕,以利于提高地温 4. 在花期,喷布 0.2%尿素液加 0.2%硼砂液,以提高座果率 5. 授粉树缺乏时,可进行人工点授,以提高座果率;也可盛花期喷布糖尿花粉液;配方为:水12.5升,白糖(砂糖)25 克,尿素 25 克,硼酸 25 克,花粉 25 克,加豆浆少许。搅拌均匀即可喷布 6. 在杏花吐红至花蕾期,对树体喷布 25%敌百虫油剂 600～800 倍液,或 50%辟蚜雾可湿性粉剂 300 倍液,或 20%灭扫利乳油 3000 倍液,也可在枝干上涂药环,防治蚜虫。

时　间	作业项目	管理工作内容及具体要求
4月中旬至5月下旬	1. 喷药治虫 2. 喷肥 3. 施肥 4. 浇水 5. 中耕除草 6. 夏剪	1. 在落花90%的时候,喷洒触杀性或内吸性毒剂,防治红蜘蛛和蚜虫等。要求喷药均匀周到,叶、枝、果均布药 2. 结合喷药,喷洒1～2次0.2%尿素和0.3%磷酸二氢钾溶液 3. 在幼果膨大期,即花后15～20天,施速效氮肥,如尿素、碳铵等,促进果实膨大 4. 施肥后立即浇水,促进肥料的吸收 5. 浇水后,及时中耕除草,保持地表土壤疏松无杂草 6. 对长枝及时拉枝、开角和摘心,对结果枝组和辅养枝进行环剥以提高座果率。注意用报纸包扎环剥口,防止害虫危害
6月上旬至7月上旬	1. 防治病虫害 2. 浇水 3. 采收	1. 继续防治杏疔病、介壳虫类和天幕毛虫。采用人工防治与药剂喷杀相结合的措施,防治杏仁蜂、象鼻虫、天幕毛虫、红颈天牛、桃小食心虫等。达到治小、治早、治了 2. 土壤干旱时,及时浇水,保持土壤湿润 3. 早熟品种在6月中下旬成熟时即可采收。外运杏果,在八成熟时采收。采收要分批分期进行

时　间	作业项目	管理工作内容及具体要求
7 月 中 旬 至 8 月 上 旬	1. 采收 2. 中耕除草 3. 拉枝开角 4. 叶面喷肥 5. 防治病虫害 6. 涂白	1. 根据不同成熟期和不同销售类型,分期分批采收成熟杏果 2. 进入雨季后,要及时中耕、除草,防止杂草丛生 3. 杏果采收后,对生长过盛的大枝,要尽量拉平,以缓和生长势,促进成花 4. 杏果采收后,对树体喷布 0.2%～0.3%磷酸二氢钾和 0.2%尿素溶液,提高树体营养,促进花芽分化 5. 继续剪除杏疔病叶,并防治刺蛾类、介壳虫类、食心虫类及舟形毛虫、红颈天牛等 6. 在红颈天牛产卵之前,进行树干除白
8 月 中 旬 至 11 月 份	1. 防病治虫 2. 叶面喷肥 3. 秋耕及秋施基肥 4. 灌冻水	1. 继续剪除杏疔病叶,刮除介壳虫类 2. 防治舟形毛虫和天幕毛虫等,保护叶片,延长叶片发挥光合作用功能的时间,使树体积累养分 3. 叶面喷布 0.2%～0.3%尿素和 0.2%～0.3%磷酸二氢钾,给叶片增加营养,以延长叶片进行光合作用的时间 4. 在采收果实后至落叶前,将冠下的土地深翻一遍,深度为 25 厘米,同时采用条状沟施肥法或环状沟施肥法,施入厩肥或堆肥和绿肥 5. 深翻和施基肥后,即灌防冻水,以保土壤防寒
10 至 11 月 份	1. 清理果园 2. 准备冬剪	1. 杏树落叶后,及时清扫落叶和杂草,并集中予以烧毁 2. 在冬季无大风及冬季暖和的地区,可准备冬剪

附录二 "三北"地区鲜食杏病虫害周年防治历

时 间	防治对象	防治措施
1月份至2月份	越冬态各种害虫	1. 在2月份，刮除枝干上粗糙开裂老皮，并捡净烧毁 2. 清理在枝杈上越冬的各种害虫，如刺蛾、桃蛀螟、桃小食心虫、红蜘蛛和介壳虫类 3. 用铁刷子刷刮树体枝干上的介壳虫体
3月份	介壳虫、螨类、蚜虫、杏象鼻虫及杏疗病等	1. 在3月上中旬树体萌芽前，喷布3～5波美度石硫合剂 2. 在3月下旬，树体喷布0.1波美度石硫合剂加1000倍中性洗衣粉液加50%杀螟硫磷乳剂1000倍液的混合药液
4月份	1. 桃蚜和桃粉蚜 2. 兼治红蜘蛛、杏象鼻虫等 3. 杏疗病	1. 在3月下旬至4月初，在桃蚜危害花蕾的初期，在枝干上刮除一环老皮，涂以2～5倍长效磷加纤维素合成的药糊，并用报纸包扎，以防过早干燥 2. 在4月中旬开花后，喷布50%马拉硫磷800倍液或50%杀螟腈乳剂1000倍液 3. 在4月下旬，对患杏疗病的树枝，随时发现随时剪除
5月份	1. 杏仁蜂，蚜虫等 2. 食心虫	1. 在5月上旬，喷布20%速灭杀丁2000倍液，或50%辛硫磷1000倍液，兼治卷叶虫、螨类及介壳虫类 2. 在5月中下旬，喷50%高效磷1500～2000倍液，并人工清理落果，并予压碎，以消灭果内虫害
6月份	1. 卷叶虫 2. 杏褐腐病	1. 在6月中旬喷布20%速灭杀丁2000倍液，防治卷叶虫，并兼治桃蛀螟和桃小食心虫等 2. 在杏果成熟期，喷布45%代森铵水剂1000倍液，或30%特富灵可湿性粉剂2000倍液，或80%代森锌可湿性粉剂500～700倍液，防治杏褐腐病

时　间	防治对象	防治措施
7月份 至 8月份	1. 食叶害虫 及叶片病害 2. 刺蛾毛虫 类、红蜘蛛及细 菌性穿孔病 3. 天牛	1. 在各种食叶害虫猖獗期和叶片病害 盛发期，采果后喷布 1 次用硫酸锌 0.5 份，硫酸铜 0.5 份，石灰 4 份和水 240 份配制的锌铜石灰液，或 70%代森锰锌 500～800 倍液 2. 在 7 月底 8 月初，喷布 1 次杀虫杀螨剂，用药为 50%杀螟松 1 500 倍液加三氯杀螨砜 1 000 倍液，或 80%敌百虫 1 000 倍液加 0.2 波美度石硫合剂 3. 人工捕捉天牛。若发现天牛蛀孔，用浸蘸稀释 50 倍的敌敌畏药液的棉球或药泥，填塞蛀孔熏杀
9月份 至 10月份	食叶害虫	根据叶片上食叶害虫的发生情况，交替喷布以下杀虫剂：50%杀螟硫磷乳剂 800～1 000 倍液或 50%马拉硫磷 800～1 000 倍液，20%速灭杀丁 1 500～2 000 倍液等，以消灭食叶害虫，保护叶片
11月份 至 12月份	越冬态病虫害	1. 将果园内落叶、干僵果、四周杂草、树上的吊绳和诱虫草把等，清出果园，集中烧毁 2. 结合修剪，清除树上的枯枝、病虫害枝，并予销毁 3. 冬剪时，剪除杏树的病虫枝、干枯枝和死老残桩，敲碎越冬虫茧，剪死枯叶蛾幼虫等

附录三 鲜食杏园常用农药一览表

农药名称	剂型	防治对象	作用特点	使用方法
水胺硫磷	40%乳油	蚜虫、螨类、食心虫、卷叶蛾类	广谱性杀虫杀螨剂，具触杀、胃毒及杀卵作用	用1500～2000倍液喷雾
辛硫磷	50%乳油	对鳞翅目幼虫高效，兼治其他多种害虫	具胃毒及触杀作用，但易光解	用1500倍液喷雾，宜阴天或傍晚施药
杀螟硫磷（杀螟松）	50%乳油	蚜虫、食心虫、卷叶蛾、刺蛾、介壳虫等	广谱高效低毒，具触杀、胃毒作用和一定的杀卵作用	用1000倍液喷雾
马拉硫磷（马拉松）	50%乳油	同　上	同上，并有内吸作用	同　上
乙酰甲胺磷	40%乳油	蚜虫、螨类、食心虫等	广谱，高效，低毒，具触杀、胃毒和内吸作用	同　上
敌敌畏	50%油剂，80%乳油	蚜虫、螨类、介壳虫、卷叶蛾、潜叶蛾和星毛虫	广谱高效，杀虫作用快，击倒力强，残效期短，具胃毒、触杀和熏蒸作用	用80%乳剂的1000～1500倍液喷雾。进行50%油剂超低容量喷雾，每公顷用1.2～2.25升
伏杀硫磷（伏杀磷、佐罗纳）	35%乳油	蚜虫、螨类、多种鳞翅目幼虫	广谱性杀虫杀螨剂，具有胃毒和触杀作用。药效较慢，持效期约14天	用1000～1500倍液喷雾

农药名称	剂 型	防治对象	作用特点	使用方法
杀螟腈	50%乳油	蚜虫、螨类、梨网蝽、卷叶蛾	广谱性有机磷杀虫剂。速效,残效期较短。具有触杀和胃毒作用	用1000倍液喷雾
水杨硫磷（蔬果磷）	25%乳油	螨类、多种害虫	速效,广谱,触杀作用强	1000～2000倍液喷雾
亚胺硫磷	25%乳油	蚜虫、螨类、介壳虫、卷叶蛾	广谱,低毒,残效期短	800～1000倍液喷雾
二嗪农（地亚农）	20%乳油 50%颗粒剂	蚜虫、食心虫、卷叶蛾、桃小食心虫	具胃毒、触杀、熏蒸作用。触杀为主	600～1000倍液喷雾,每667平方米用0.5千克拌毒土
巴 丹	50%可溶粉剂	鳞翅目、半翅目害虫	胃毒强,具触杀、拒食作用	1000倍液喷雾
迷扑杀（杀扑磷）	40%乳油	对介壳虫特效,对咀嚼式口器害虫有效	广谱,高效,渗透性强	1000倍液喷雾
爱乐散（稻丰散）	50%乳油	对蚧类效果好兼治潜叶蛾	具触杀、胃毒作用	1000倍液喷雾
爱卡士	25%乳油	杀蚧、杀螨	广谱,高效	1000倍液喷雾
增效氰马（灭杀毙）	21%乳油	蚜虫、叶螨、食心虫等	广谱,速效,杀虫杀螨,以胃毒触杀为主	2000～3000倍液喷雾

农药名称	剂 型	防治对象	作用特点	使用方法
西维因（甲萘威）	50%可湿性粉剂	食心虫、刺蛾等	触杀作用强，兼有胃毒等作用	600～800倍液喷雾
害扑威	20%乳油	螨类,介壳虫等	速效,残效期短,触杀作用强	300～500倍液喷雾
辟蚜雾（抗蚜雾）	50%可湿性粉剂	多种蚜虫	高效,安全,具触杀、熏蒸、渗透作用	300倍液喷雾
功夫（二氟氯氰菊酯）	2.5%乳油	食心虫、蚜虫等多种害虫,抑制螨类	广谱、高效、速效杀虫杀螨剂,触杀作用强	3000倍液喷雾
灭扫利（甲氰菊酯）	20%乳油	同 上	同 上	同 上
敌杀死（溴氰菊酯）	2.5%乳油	同 上	同 上	同 上
速灭杀丁（氰戊菊酯）	20%乳油	同 上	同 上	同 上
顺式氰戊菊酯（来福灵）	5%乳油	同 上	广谱,高效,具触杀、胃毒和杀卵作用	同 上

农药名称	剂 型	防治对象	作用特点	使用方法
氯氰菊酯（灭百可）	10%乳油	同上	广谱高效,具触杀、胃毒作用,兼有一定杀卵作用	用4000～6000倍液喷雾
顺式氯氰菊酯（高效灭百可）	5%乳油	食心虫、蚜虫等多种害虫	广谱高效,具触杀、胃毒作用,对害虫毒力比氯氰菊酯高一倍	同 上
氟氯氰菊酯（百树得）	5.7%乳油	食心虫、卷叶蛾、蚜虫,兼治螨类	杀虫谱广,触杀、胃毒作用强	用2000～3000倍液喷雾
联苯菊酯（天王星）	10%乳油	同 上	杀虫谱广,具触杀和胃毒作用,兼有驱避和拒食作用,击倒作用快,持效期较长	3000倍液喷雾
高效氟氯氰菊酯（保得）	2.5%乳油	同 上	杀虫谱广,触杀、胃毒作用强活性高	用3000倍液喷雾
除虫脲（灭幼脲1号）	20%悬浮剂,5%乳油	食心虫、舞毒蛾、天幕毛虫等鳞翅目幼虫	对人、畜安全,具胃毒、触杀作用。见效慢,但持效期长	用20%悬浮剂2000～3000倍液或5%乳油1000～1500倍液喷雾

农药名称	剂　型	防治对象	作用特点	使用方法
苏云金杆菌（B.t.乳剂）	B.t.乳剂（100亿个芽胞/克）	鳞翅目幼虫	仅有胃毒作用。破坏虫体肠道，引起败血症。	每667平方米用150～200克对水150～200倍喷雾
三氯杀螨醇	20%乳油	多种螨类（触杀成螨、若螨和卵）	触杀作用较强，具速效性，持效期较长	用800～1000倍液喷雾
三氯杀螨砜（TDN）	20%可湿性粉剂	同　上	同　上	同　上
双甲脒（螨克）	20%乳油	同　上	具有强触杀作用，并有一定的拒食、驱避和熏蒸作用。气温高、药效好	用1000～2000倍液喷雾
四螨嗪（阿波罗）	50%悬浮剂，20%悬浮剂	同　上	触杀作用强。药效慢。持效期长。对作物及天敌安全	用50%悬浮剂4000～6000倍液，20%悬浮剂2000～2500倍液喷雾
噻螨酮（尼索朗）	5%乳油，5%可湿性粉剂	同　上	同上。持效期达5周以上	发生初期用1500倍液喷雾

农药名称	剂 型	防治对象	作用特点	使用方法
农螨丹 (NA80)	7.5.% 乳油	多种螨类,食心虫,蚜虫等多种害虫	具尼索朗、灭扫利的杀螨特点	1 000 倍液喷雾
唑螨酯 (霸螨灵)	5%悬浮剂	多种螨类	触杀作用很强,速效,长效	发生初期用2000 倍液喷雾
托布津	50%可湿性粉剂	白粉病、锈病、褐腐病	广谱内吸,高效低毒,具预防治疗作用	用 800～1000倍液喷雾
甲基托布津	50%可湿性粉剂	同 上	同 上	同 上
代森锌	80%可湿性粉剂	花腐病、锈病、褐腐病	广谱保护性杀菌剂	用 500～700倍液喷雾
特富灵	30%可湿性粉剂	白粉病、锈病、褐腐病	具内吸治疗,铲除作用	2000 倍液喷雾
代森锰锌	70%可湿性粉剂	同 上	同 上	从初期起,每10 天 1 次,用600 倍液喷雾
代森铵	45%水剂	根腐病、褐腐病	内渗、保护、治疗杀菌剂	用 500 倍液灌根,1 000 倍液喷雾
福美双	50%可湿性粉剂	细菌性穿孔病	广谱保护性杀菌剂	自发生初期,每 10 天喷 1 次500 倍液

农药名称	剂 型	防治对象	作用特点	使用方法
腐霉利 （速克灵）	50%可湿性粉剂	褐腐病	内吸、传导杀菌剂，有保护和治疗作用	用1000～3000倍液喷雾
百草枯 （克芜踪）	20%水剂	大部分一年生杂草及多年生杂草地上部分	速效、触杀、灭生性除草剂	每667平方米用200～400毫升，对水25～30升，对茎叶喷洒
草甘膦 （镇草宁）	10%水剂 50%可湿性粉剂	大部分一年生杂草及狗牙根、白茅、香附子等多年性杂草	强力内吸传导、广谱性除草剂	防除一年生杂草667平方米用有效成分100～200克；多年生杂草则用200～300克，对茎叶喷洒
茅草枯	60%钠盐	禾本科杂草，如狗尾草、茅草、芦苇、香附子等	内吸传导型选择性除草剂	防除一年生杂草，每667平方米用500～800克，防除多年生杂草，每667平方米用1000～1500克，对茎叶喷洒
溴敌隆 （乐万通）	0.5%水剂	果园棕色田鼠等害鼠	香豆素类第二代抗凝血剂，毒力强，适应性好	用胡萝卜条蘸0.005%药液，塞入鼠洞内
磷化锌	90%原粉	同 上	广谱高毒胃毒杀鼠剂	用胡萝卜条蘸5%药糊，塞入鼠洞内

参考文献

1 楚燕杰等．仁用杏丰产栽培．中国农业出版社,1994.5

2 中国农业科学院郑州果树研究所等．中国果树栽培学．中国农业出版社,1987.5

3 河北农业大学主编．果树栽培学各论．中国农业出版社,1998

4 北京农业大学,华南农业大学等．果树昆虫学．中国农业出版社,1997

5 吕增仁．杏树栽培与加工．科技文献出版社,1990.1

6 邱强．原色桃 李 梅 杏 樱桃病虫图谱．中国科学技术出版社,1994.12

金盾版图书，科学实用，
通俗易懂，物美价廉，欢迎选购

银杏矮化速生种植技术	5.00元	柑橘整形修剪和保果技	
李杏樱桃病虫害防治	8.00元	术	7.50元
梨桃葡萄杏大樱桃草莓		柑橘病虫害防治手册	
猕猴桃施肥技术	5.50元	（第二次修订版）	16.50元
柿树栽培技术（修订版）	5.00元	柑橘采后处理技术	4.50元
枣树高产栽培新技术	6.50元	柑橘防灾抗灾技术	7.00元
枣树优质丰产实用技术		中国名柚高产栽培	6.50元
问答	8.00元	沙田柚优质高产栽培	7.00元
枣树病虫害防治	4.00元	甜橙优质高产栽培	5.00元
山楂高产栽培	3.00元	锦橙优质丰产栽培	6.30元
板栗栽培技术（第二版）	4.50元	脐橙优质丰产技术	14.00元
板栗病虫害防治	8.00元	椪柑优质丰产栽培技术	9.00元
核桃高产栽培	4.50元	温州蜜柑优质丰产栽培	
核桃病虫害防治	4.00元	技术	12.50元
苹果柿枣石榴板栗核桃		橘柑橙柚施肥技术	7.50元
山楂银杏施肥技术	5.00元	柠檬优质丰产栽培	8.00元
柑橘熟期配套栽培技术	6.80元	香蕉优质高产栽培（修	
柑橘良种选育和繁殖技		订版）	7.50元
术	4.00元	荔枝高产栽培	4.00元
柑橘园土肥水管理及节		杧果高产栽培	4.60元
水灌溉	7.00元	香蕉菠萝芒果椰子施肥	
柑橘丰产技术问答	12.00元	技术	6.00元

以上图书由全国各地新华书店经销。凡向本社邮购图书者，另加10％邮挂费。书价如有变动，多退少补。邮购地址：北京太平路5号金盾出版社发行部，联系人徐玉珏，邮政编码100036，电话66886188。